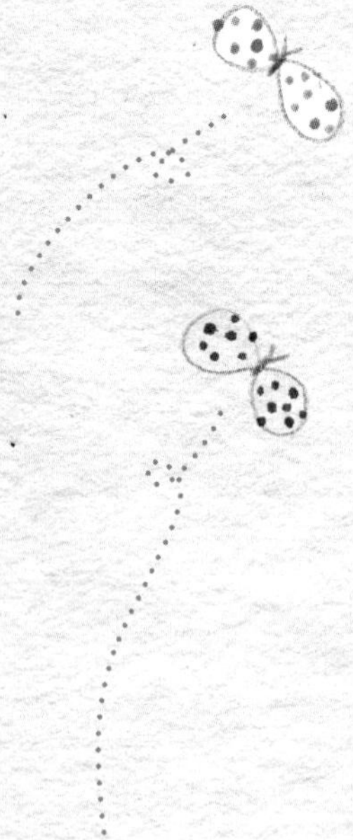

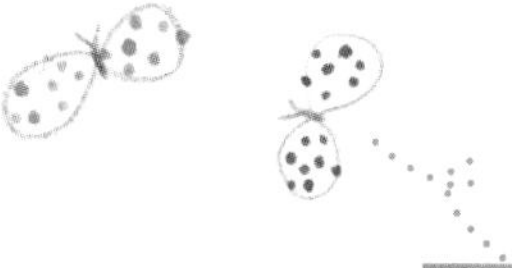

梅子家
四季耕食手札

Meg At Home

梅子Meg 著

65道季節限定美味,
體現時令流轉的生活儀式感

目錄 | contents

Part 3 時序，入冬

Part 5

時序，入夏

餐桌日常，跟隨季節流轉

「雪沫乳花浮午盞，蓼茸蒿筍試春盤。人間有味是清歡。」

——蘇軾〈浣溪紗〉

和編輯一同討論策劃這本書的時候，我們做了大膽的嘗試：食譜不設限，順應那些落入我手的季節食材，依日常隨心變化，記錄我們家整年真實的煮食節奏，是整本書的主軸。

一開始，連我自己都不知道會出現什麼樣的作品。談書的時節，我仍在酷暑中烤著熬著，每天毛毛躁躁地沒有靈感。但隨著季節更替，自家菜園的耕種翻新，蔬菜進入產季，事情變得真實了起來，一道道料理，也源源不斷地出現在腦海。

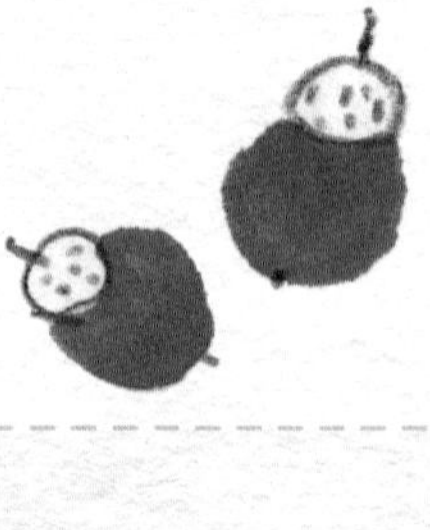

餐桌上擺著非常普通的自家晚餐：酸豇豆炒肉末、麻油薑汁蘿蔔葉炒肉絲、清

燙豌豆苗、韭花醬乾拌麵、佐餐的干貝菜脯辣椒醬，還有一鍋清燉雜蔬牛肉湯。

一桌子不起眼的家常，仔細算算卻是多少功夫的醞釀：

去年入秋時收成的韭菜花朵，清洗、研磨、鹽漬，方成為韭花醬。

十一月收成長豇豆，一瓶一瓶灌入泡菜老滷，發酵、熟成。

正月裡清冰箱，炒了干貝醬。除了耗時地洗泡剝淨顆顆干貝，當中菜脯也是早早就先曬好存熟的。

二月初收了茂盛的蘿蔔葉，洗淨、醃漬、擠水，仿照雪菜那樣保存著。

清晨，蹲在豆架前摘著豌豆的葉芽嫩尖，然後在園中剪拾整籃番茄。

煮湯前，匆忙將胡蘿蔔還有馬鈴薯刨出土，刷洗掉外皮泥汙……

就這樣繞了一大圈，才成就一頓看似平常的晚餐；然而，同樣是二十分鐘完食了，不痛不癢。

寫書，白紙黑字，是作品，也是我的生活。

我在書中寫進了季節流轉，寫進了飲食的起因，寫進了每一道菜背後的心意，從生活裡找尋飲食的靈感，也用飲食記錄刻畫生活，平淡又規律的日常，卻越嚼越有滋味。

貼近食物的源頭、採用新鮮的食材，是我對料理的信仰；善用當季蔬果香草，因為那是季節的味道；不甘受限於食譜，調味也可隨性，什麼時令就吃什麼，料理總要順應生活的邏輯才是合宜，刻意為之則鄙。

對我來說，更重要的是對食物的真誠。

從「土壤到餐桌」的距離看似近，實踐了，方知遙遠。年復一年醞釀累積而成的經驗及律動，讓這樣的生活不只是心血來潮的偶發，從而堅持不懈成為連續式的態度。

現今對於「自耕自給」有許多羨慕嚮往，但說穿了，這只是一種日日為飲食勞碌的生活方式。

而對於真正活在當中的人來說，這一切不過是日常，不過是默默地把日子過紮實而已。

人間有味是清歡。

因為幸福，原就是平凡日子的點滴與堆疊。

自序

飲食記憶，串起生命裡的各種「漂」

在自己的食譜書裡聊聊如何與料理結緣，而我卻不想談爐火砧板上的那些。說來，我對「飲食」二字的情感應該更深；人生際遇裡的各種「漂」，都被食物的記憶串聯著。

前不久，女兒完成一份人類學的研究報告，題目是「從飲食習慣看見移民文化的衝擊與融匯」。透過不同的訪談，由飲食文化的角度切入，透視族群差異，並對比出幾代移民在環境適應及文化融合當中的進程。

對於在美國出生的孩子來說，這個內容開拓了一個嶄新的文化視野，然過程中，我卻看到了三十年前的自己，再次憶起剛來美國時，因陌生及未知而感到手足無措；還有，初次在異鄉超市找到熟悉食材的一絲溫暖慰藉，甚至是，覺得日子終於可以過得下去的那種鬆快。

一日三餐帶來的安定感，在剛移民、心情最「漂」的那幾年，特別明確。赴美兩個多月，有次我媽必須回台辦事。當時，美式外賣吃不慣，附近中餐館

寥寥無幾，日常吃喝變成問題。那年我還不到十六歲，約莫是女兒現在的年紀，便自告奮勇擔當起掌廚的重任。

當時我做過幾道「名菜」……是出了名的難吃，幾乎是場災難，直到如今還常被津津樂道。

某次做「螞蟻上樹」時手抖，好市多家庭號的黑胡椒就這樣半罐入鍋，即使在鍋邊用湯匙盡力撈出了部分，整盤菜還是辣上頭頂。

「妳這螞蟻，比樹還多！」我爸和妹妹流著眼淚鼻涕抗議。

為了不浪費食物，我毅然決定進行剩菜改造，添加食材稀釋辣度。

次日，螞蟻和樹統統剁碎，打掉重練，另拌入絞肉，做成春捲。然後起油鍋，炸它！

我自認很聰明，也顧不得整個廚房被我搞得都是油漬。

幾番折騰，創意春捲上桌，結果還是辣得噴火，而且要消耗的食材份量比原來更多！而後接連幾日，餐桌上都有「噴火春捲」，分配好每人該吃幾根，搭配水，灌下去。

後來我手藝精進了，料理過各色菜餚，但「螞蟻比樹多的螞蟻上樹」、「邊吃邊流鼻涕的噴火春捲」，依舊是家人口中最有印象的「名菜」，只不過現在聊起是笑到流淚，更多的是回憶當年相依為命的情感，想到在異國的餐桌上，全家圍著一盤失敗的「螞蟻上樹」啼笑皆非，那個場景有點溫暖，也有點鼻酸。

或許，「好吃」的定義，更多的是腦海中的認定。

我爸是旅行到世界各地都要找紅燒肉的人，但他心目中的美味之最，卻是個叫做「蛋湯」的東西。沒有正式的菜名，根本是不登大雅之堂的菜色，上餐館也無處尋覓。

然，我爸對這道菜的愛更勝紅燒肉，吃不到會抗議、會臭臉。

這到底是什麼樣的菜品？其實就是香蔥炒蛋，然後在同一鍋內注入清水，剛才的炒蛋變身湯料，煮開後，丟點青菜、粉絲，就能滿滿一鍋。有點打腫臉充胖子的那個意思，卻鮮香而不失美味。

生於清寒的軍眷家庭，隨政局的動盪不安而漂，又是物質匱乏的年代，在父親的兒時，家中常常都是無米炊。「蛋湯」是能夠用極少食材變出的最隆重菜色；餐桌上沒什麼油水的日常，菜盤裡能飄出蛋香也是難得。對還在成長期、時常肚子餓的孩子來說，這就是美味。

文思輾轉至此，也想到我的外婆。

想到那一代人的辛勞，想到他們跨海來到台灣生根也是一種漂；同時也想到外婆家的大餐桌，還有開飯時大家穿梭著將菜盤從廚房端出來的那場景。

印象裡外婆的手藝很好，做的菜都很好吃，我甚至不記得有吃過不喜歡的。家族興旺，全盛時期三代成員十幾口，同一棟公寓鄰近住著，上下串門。大家庭上班放學不同時段，桌上卻從來沒斷過吃食，那是一種在廚房不停忙碌的節奏。

我不知道外婆是否有特別思考過自己手藝的好歹。

或許對外婆來說，更貼切的心境，是把生活在一日三餐這樣煮著煮著當中過下去；糾結於廚藝是種不必要的奢侈，把一家人餵飽是更重要的使命。

不過，我們都覺得外婆的菜很好吃，真的非常好吃，是會時刻思念的味道。

如今大家族的成員們散居於海內外各地，但在群組裡聊起外婆的好菜仍歷歷如繪。無論漂到什麼地方，都能經由對外婆的回憶扎根在一處。

實際的味感或許會被時間沖淡，但滋味卻不會忘記，因為那交織了幼時的回憶、成長的青澀、節慶的歡樂、家人的溫暖。這樣的滋味無論身在何處、活至幾級，都會隨身攜帶。吃進心底的，不會於口腹之間消散。

有些「好吃」的定義則無關味美，純粹療癒心靈。吃的是記錄、是習慣，也是回憶。

十幾年前老張（我先生）第一次獨自到倫敦，被途中偶遇的英國人警告絕對不要吃泰晤士河畔的路邊攤。

「超不衛生」，那人說。

於是，老張抵達後第一時間就買了一份「超不衛生」的熱狗堡，佐著泰晤士河的美景下肚，之後平安地活到現在。而後幾次再訪河岸，路邊攤們也都安然。

熱狗堡當然必吃。去他的衛生！

旅行，是出於自願的漂。途中我們在世界各地漂著，吃得最多的是小吃，印象最深的也是小吃。

若星級餐廳的存在是為了展現主廚個人的料理技巧與詮釋，那麼，小吃則赤裸裸體現當地人的日常、喜惡、口味。

思緒順著味覺記憶蜿蜒，來到比利時。

雖與法國臨近，但之於法餐的細膩，比利時人彷彿更欣賞那些粗獷隨性、不拘小節的料理。布魯塞爾的一家肉丸專門店，拳頭大小的肉丸子豪邁地躺在各種自選醬汁裡，軟彈又吸飽湯汁。大肉丸配啤酒冷飲，想就知道這餐絕對既滿足又暢快，簡單明瞭，無須更多的使用說明。

無論在世界上哪個角落，樸實真誠的大肉丸，都能帶給肚腹最原始的滿足。

我媽的拿手菜是獅子頭，老張最愛吃。我甚至常常覺得他是為了獅子頭的無限供應而娶了我。

製作獅子頭的肉餡要精選，肥的瘦的、相間得有講究；裡面要剁入馬蹄（荸薺）這一類脆爽食材，還要放饅頭或是麵包屑增加柔軟度，但不能太多也不能太少，還得不停摔打增加彈性，煎炸的時間也需要拿捏，眉眉角角多得很……反正媽媽的獅子頭好吃得很神奇。

後來我經營自己的餐廳，也曾賣過獅子頭，用我媽的配方做出大肉丸，卻不紅燒也不放白菜、冬菇，反而搭配用慢燉牛肋原汁變化而出的梨香蘑菇濃醬，中西合璧，美國客人超愛，每次出餐定能博得一陣驚呼，非常受歡迎。

一顆肉丸連結了中西兩端文化，誰吃都能明瞭。食物的美好不分國界，更能夠超越種族。無須言語，文字多餘，你懂我懂。

在與異鄉的社會民情長期磨合之下，進化是不自覺的。我對料理的詮釋，也沾染了不同於原生文化的獨特滋味。是身處異地卻硬要復刻家鄉味的執拗？又或是打破傳統、融合西方素材的跳脫？

在熟悉與陌生的夾縫，在我婆媽的飲食傳承內外，在各種中西食材相似或迴異的邊緣，在自家菜圃與當地市場之間，味蕾的進化，菜色的演變，料理技法點線面的連結……最終成為一幅描繪自家日子的工筆，一筆一刀刻畫著，歲月流年。

我願藉由食味保留本真，也透過煮食創造回憶。

飲食是人生的進程，是生活的演繹。吃喝這檔事兒固然膚淺，但食物背後的因緣卻任重道遠。

Part

1

時序，夏末

迎接韭菜開花，
變成刻畫著季節的分界，
告別夏季的儀式。

大熱天裡最好能不要煮食，
我有信心能靠吃剉冰度過整個夏季。
但非要下廚，
我寧願開烤箱和計時器後，
遠遠逃離戰場，
也不要顧在火爐邊。

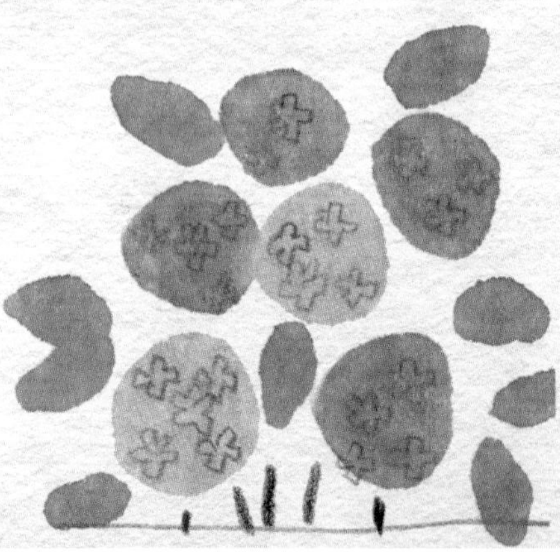

夏末，盼秋涼

下午兩點多，我坐立難安。

站起來，開冰箱，把頭伸進去看了一圈。嘆口氣，關上冰箱。

接著，拉開旁邊的乾貨櫃，眼睛掃過了罐頭、醬料、乾麵區、穀米區，就這樣呆站了三十秒，再次關上門。

這套動作我今天至少做了五次。

牆上時鐘滴答地響著。

再過不久，老的小的，放學下班。而主婦，對於晚餐仍然沒有靈感，腦海一片空白。心情低落，沮喪極了。

這樣的場景對我來說並不尋常，但每年都會發生幾次，而且通常都發生在七月中到八月底。

鬼門開？才不是。

盛夏的太陽炙熱猛烈，連續數星期攝氏四十五度上下的氣溫，才是罪魁禍首。我心愛的小菜園正被沙漠無情的夏季煎著、熬著，除了少數耐熱的植物，滿眼焦黃。

無意識地將落地窗打開一條縫，樹上此起彼落的蟬鳴立刻穿透到屋內。外頭熱氣緊接著撲面而來，像是開了烤箱。

出不去，感覺像困獸。「好想去剪蔥！摘香草！拔蘿蔔！挖馬鈴薯！」整天心裡都這樣吶喊著。

料理人缺了自家的好食材，我像是被廢了武功的劍客，坐以待斃。這是在南加州沙漠地區居住所要付上的代價。務農的人依附時節作息，而盛夏七、八月，正是沙漠最苦悶的時候。

休耕月份的空白，數算著日子盼著韭菜花開，已經成為每年的常態……

「當一葉報秋之初，乃韭花逞味之始」

——唐，楊凝式，《韭花帖》

夏末，閒置了兩個多月的菜園雜草叢生，但在日照漸短、夜間溫度逐漸降低的季節變換中，「浴火重生」的韭菜卻悄悄依時節抽苔。

韭菜花開，是我暗自替「放空期」所設定的時限。

每年我們這裡只要韭菜開始打苞，就可以預期即將脫離酷暑，秋涼將至。經過一番折磨的庭院，在這時逐漸恢復綠茵生機，而我也會從暑熱的散漫呆滯中甦醒。之後，便無一刻閒著，在早晚涼爽的氣溫中除草整地，有計畫地播下秋天的種籽，修剪夏季生長無度的樹木；家中也要做季節性的整修及大掃除，還有充實整個盛夏幾乎清空的冰箱。

於是，潛意識中便有了用這個時段作為一年之始的認知，迎接韭菜開花，變成刻畫著季節的分界、告別夏季的儀式。花開之際，我也恢復規律的日常，年復一年，把時節融入生活的頻率，已然成為慣性。

韭菜開花，蔥圃也茂盛了起來

院子裡幾圃從廚餘回收長成的蔥叢，足夠全家日常煮食的消耗。一整年當中，我大概只需要從市場買五、六次蔥，除了天氣過於炎熱或寒冷、生長怠滯的那幾週之外，我們家的蔥錢真是省了不少。

回想第一圃自耕蔥，源自於我跟任職餐廳的廚房討要回來的一大包廚餘蔥頭，在乾燥涼爽的月份胡亂插入土裡，一發不可收拾，自此就連續供應了家裡兩年半的青蔥之需。這段時間蔥圃開花結籽了兩次，蔥籽掉入土中又兀自長出小蔥苗，於是我又將新苗移植分種成了幾圃。如此一來，即使日照方向和時數隨著季節改變，幾圃分置在園中不同區域的蔥叢，也能夠輪替供給自家廚房所需。

而後，菜園內就固定有蔥圃。整理菜圃時，看不順眼就整叢挖起、換植別處，有時也整株連根拔出使用，而後同樣留下蔥頭再重新植回……總之，

我覺得蔥這種作物十分粗勇，一年到頭進出土壤也並無大礙，一樣年年繁茂。盛產時根本來不及吃，只能任由它老化的外葉攤垂一地，看不下去就整圃一口氣剪下來料理；而蔥頭，當然是重新插回土裡，由它生生不息。

進入夏季尾聲，自家菜園裡大部分都還是剛插的幼苗，因為暑熱尚未真正消退，附近市場的蔬菜也是乏善可陳。這時候，院子裡那幾圃茂盛的韭與蔥，還有一年四季都可以購得的洋蔥，也可以充當蔬菜料理，添補餐桌菜色的不足。

椒鹽長蔥漬

食材

日本長蔥　約600g

調味

海鹽　2小匙
黑胡椒　1大匙
黑麻油　適量

作法

1 將蔥切絲，放入冷水中浸泡30分鐘，去除辛辣味。
2 將蔥絲多餘水分瀝乾，平鋪攤開，晾乾大部分水氣。
3 將晾乾的蔥絲與調味料混合均勻，裝瓶，醃漬半天後即可食用；放冰箱冷藏可保存1星期。

糖醋漬紅洋蔥

食材

紅洋蔥	2個

調味

砂糖	6大匙
海鹽	2～3小匙
白醋	100cc

作法

1 將紅洋蔥盡量切細絲，放入冷水浸泡30分鐘，去除辛辣味。

2 將洋蔥絲瀝乾水分並晾乾大部分水氣，即可加入調味料拌勻醃漬；醃漬半天以上即可享用。

3 醃漬時間越長越入味；裝瓶冷藏可保存2星期。

料理提示

- 洋蔥絲盡量細切，賣相和口感更佳。
- 請依喜愛的鹹度酌量加入海鹽。
- 紅洋蔥醃漬1～2天後，會逐漸釋出紅色，整瓶變成美麗的粉紅色。

辣漬韭菜

食材

韭菜	500g
洋蔥	半個
胡蘿蔔絲	100g
大蒜（切末）	4瓣

調味

海鹽	2～3小匙
砂糖	1大匙
辣椒粉	2大匙
韓式辣椒醬	2大匙
韓式魚露／蝦醬	適量

作法

1 摘除韭菜老葉，清洗乾淨後，瀝乾水分。

2 洋蔥、胡蘿蔔分別切成細絲備用。要減少洋蔥的辛辣味，可於切絲後浸泡冰水30分鐘，再瀝乾使用。

3 將所有材料及調味料拌勻，於冰箱冷藏醃漬1天後即可享用；裝瓶冷藏可保存2星期。

美味推薦

- 食用時，可撒上白芝麻、滴點麻油一起享用，風味更佳。

料理的連貫性

我偏愛有連貫性的料理，深信既然季節循序與生活都是連續不輟的，日常飲食也自當如此。

由於土壤到餐桌之間的四季更替，讓我不得不時常做計畫，自耕的生活促使這種連貫性料理模式發生得全無刻意。產季蔬菜通常是成群結隊來臨，盛產催逼我在煮食上必須充滿節奏感，才能徹底應用食材，減少浪費。

有計畫的飲食同樣節省工時，在夏季尤其關鍵。

製作一道菜的同時，也考慮到如何接續將它變成其他菜餚的捷徑，如此，連貫性的料理思維，便縮短了站在廚房汗流浹背的時間。

因此，既然冰箱裡常備各種漬蔥，也必須要能應用在其他菜餚中才算完成。各色漬蔥本身就自帶調味，可以借助它們在料理中靈活延伸，增色添香，並且不用從零開始切洗，可簡化烹調時的準備工作。

家常韭菜海鮮煎餅

食材（煎餅 1 份）

綜合海鮮	約50g
中筋麵粉	2大匙
在來米粉	2大匙
水	60cc
雞蛋	1個
辣漬韭菜	約20g（參見P.33）

調味

海鹽	適量
黑胡椒粉	適量
砂糖	1小匙

作法

1 將所選用的海鮮（蝦仁、貝類、魚板、墨魚圈或章魚腳皆可）切成小丁備用。

2 將中筋麵粉、在來米粉、水充分混合後，打入雞蛋，並拌入調味料，攪拌混合成無顆粒麵糊。接著，拌入適量的辣漬韭菜及綜合海鮮，充分拌勻。

3 在防沾平底鍋內抹上少許油，燒熱後，倒入麵糊，以小火煎至兩面金黃即可出鍋，切片享用。

蔥香味噌醬燒肉片

食材

五花肉	500g

味噌燒肉醬材料

味噌	2大匙
醬油	1大匙
老抽	1大匙
細薑末	1小匙
砂糖	1大匙
味醂	2大匙
水	3大匙

作法

1 將製作燒肉醬所需的所有材料混合均勻，備用。
2 將五花肉洗淨、擦乾水分後，切成薄片。
3 鍋燒熱，不須放油，直接將五花肉薄片放入鍋中煎至兩面金黃；接著，倒出多餘油脂，加入適量的味噌燒肉醬，翻炒混合，略微收乾汁水，即可盛盤。

料理提示

- 味噌醬燒肉片會接續用來製作海苔飯包，但它也可直接當成葷菜上桌；食用時，加入椒鹽長蔥漬（參見P.31）與肉片拌勻一起享用。
- 味噌燒肉醬可依等比例多製作一些，作為快速醬料使用。
- 烹調時所加入之燒肉醬份量，可依個人喜好作調整。像是作為便當菜的「味噌醬燒肉片」，在料理時可稍微加重調味；而直接當作一道佳餚上桌時，則可減少燒肉醬用量。

蔥香燒肉海苔飯包

食材（每1份）

壽司海苔	1張
白飯（室溫）	約120g
生菜葉	2片
番茄薄片	2片
味噌醬燒肉片	4～5片（參見P.38）
椒鹽長蔥漬	適量（參見P.31）

作法

1 將壽司海苔平放在保鮮膜上，正中央鋪放一半份量的白飯。
2 在白飯上依序疊放生菜葉（巴掌大小）、番茄片、味噌醬燒肉片、椒鹽長蔥漬，最後鋪上剩餘白飯。
3 將海苔四角往中心聚攏包起，收緊保鮮膜，靜置十分鐘，讓海苔返潮後，即可對半切開。

料理提示

- 這道「蔥香燒肉海苔飯包」若作為便當菜，不須對切，保持完整，方便攜帶。

快速時蔬
洋蔥馬鈴薯沙拉

「美奶滋＋法式黃芥末＋糖醋漬紅洋蔥」是我夏季常用的沙拉醬配方，用來製作蛋沙拉、馬鈴薯沙拉、鮪魚沙拉或雞肉沙拉，都十分合適。日常料理，我盡可能簡單調味，各種蔬菜香草都有特別的香氣，洋蔥漬則自帶甜酸，所以除此之外，我只放入美奶滋與法式黃芥末，大約是4：1的比例。洋蔥漬在此作醒味增色之用，可依照自己喜好的口味使用，無須拘泥份量。

同樣地，新鮮香草與蔬菜的使用也大可隨意，根據自家口味決定份量或替換都可以。除了以上列出的食材，蔬菜像是四季豆、蘆筍、春筍、胡蘿蔔、芝麻葉，香草類食材如羅勒、香菜等，都非常適合靈活替換。

食材

豌豆莢／荷蘭豆莢	200g
馬鈴薯	600g
水煮蛋	4個
櫻桃蘿蔔	約15顆
新鮮蒔蘿葉	適量
新鮮巴西里	適量

沙拉醬材料

美奶滋	8大匙（120cc）
法式黃芥末	2大匙
糖醋漬紅洋蔥	適量（參見P.32）
海鹽	適量
黑胡椒粉	適量

作法

1 煮一鍋熱水，加入適量鹽，水滾後，放入豌豆莢，約40秒即可撈出，瀝乾水分。
2 將馬鈴薯去皮，切成容易入口的塊狀，放入同一鍋鹽水中煮軟（刀尖可以輕易刺入但不會散爛），取出瀝乾水分，靜置放涼。
3 水煮蛋對半切開；櫻桃蘿蔔洗淨後，依各人喜好，切片或對半都可以。
4 新鮮蒔蘿與巴西里切碎，並混合沙拉醬材料。
5 將所有材料（水煮蛋除外）輕拌混合，盛盤，最後放上水煮蛋，即完成。

料理提示

- 請留意，黃芥末和美奶滋都有鹽分，因此海鹽用量須斟酌加入。
- 我喜歡選用薄皮的黃色馬鈴薯（Yukon Gold）來做沙拉，口感軟糯、又不須削皮。如果買到的是褐色的大馬鈴薯（Russet），口感比較綿沙，更適合烤來吃；其外皮較厚，建議削皮製作。

「戀戀獅子唐」

這幾年日本品種的辣椒「獅子唐」（Shishito），風靡全美國，成為我們每次到餐廳必點的菜色。後來好不容易住家附近超市買得到這種辣椒，卻是價格昂貴，索性下定決心自己種，可以吃個夠。年初植入幼苗，天暖後便開始大鳴大放，接連採摘，可以從春末一直吃到初秋。獅子唐的味道溫和不辣，更像青椒，但卻同時擁有辣椒的香氣。

據說，每十個獅子唐當中就有一個是辣的。

回想我吃過的這許多獅子唐，好像不曾有辣嘴的經驗，不知是不是漂洋過海改變了秉性？

記得曾經因為正逢當季產量大，在連續吃了好幾個月的獅子唐後，對它心生厭倦，後來想想慚愧不已，有點兒身在福中不知福了。

因為炎熱，我們這邊夏季綠蔬緊俏，品種不多，自家這圃獅子唐用以填補蔬菜的不足，在這段時間還是非常關鍵的。話說回來，個性溫柔的獅子唐非常容易料理，幾乎百搭，甚至將它生切成椒圈浸泡醬油，都是美味的佐餐蘸料。

蝦釀「獅子唐」辣椒

食材

獅子唐辣椒	25顆
蝦仁	340g
洋蔥	¼個
蛋清	1個
馬鈴薯澱粉（即「日式太白粉」，沾裹辣椒用）	少許
炸油（適合高溫烹調）	適量

炸衣材料

在來米粉	200g
馬鈴薯澱粉	2大匙
水	240～280cc
油	2 小匙

調味

海鹽	1小匙
白胡椒粉	¼小匙

oz
50
40

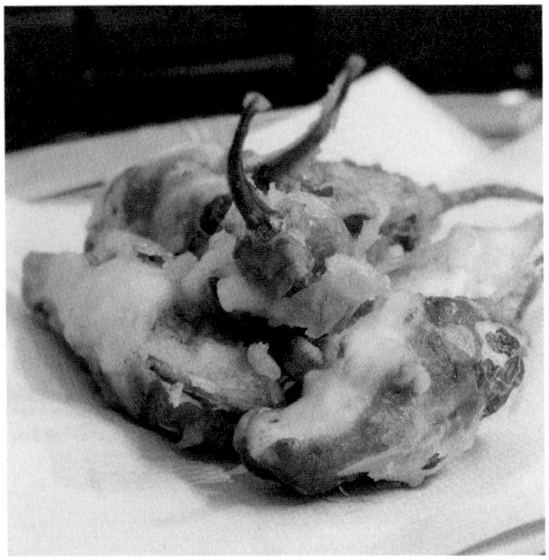
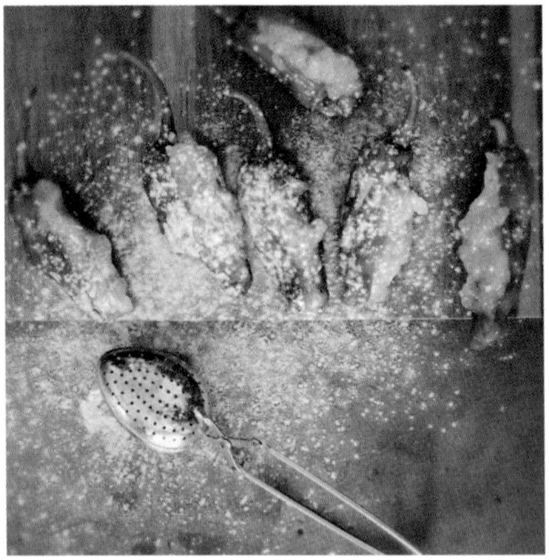

作法

1 將獅子唐辣椒縱剖一刀呈口袋狀，去籽備用。
2 蝦仁剁碎，洋蔥切碎或磨末備用。接著，將蝦仁、蛋清、海鹽、白胡椒粉混合成蝦漿內餡。
3 將蝦漿內餡填塞入獅子唐辣椒口袋內，外部均勻撒一層馬鈴薯澱粉。
4 均勻混合炸衣材料成為滑細粉漿備用。
5 在鍋內放入炸油，燒至八分熱備用。
6 將作法3獅子唐放入作法4粉漿內滾動，均勻裹附炸衣粉漿。接著，將獅子唐放入油鍋，炸至浮起、內餡變色熟透，即可出鍋，瀝乾多餘油脂後享用。

料理提示

- 製作炸衣粉漿所調入的水分多寡，將決定成品的口感，可依各人喜好調整。
- 加入水量240cc時，粉漿濃度類似煉乳，掛漿性好，外皮較厚實酥脆，放置一會兒仍舊保持脆度。水量為280cc時，粉漿濃度類似楓糖漿，製作出來的成品外皮薄，透亮度好，蝦仁餡料的紅與獅子唐的綠色對比鮮明，口感較為柔軟，殼脆輕薄。
- 由於使用在來米粉調漿，調好的粉漿容易沉澱，須不時重新攪拌一下。若沉底的粉漿變得太濃，可再加少量清水調整。
- 這個粉漿也適合作為其他蔬菜的炸衣，像是南瓜片、四季豆、櫛瓜等，都可比照此方式製作炸物。

美味推薦

- 炸好的釀辣椒，可以搭配椒鹽或柑橘醬油一起享用。

一鍋（盤）到底，屬於夏季的菜餚

若能凡事由我，大熱天裡最好可以不要煮食，我有信心能靠吃剉冰度過整個夏季。

但非要下廚，我寧願開烤箱和計時器後，遠遠逃離戰場，也不要顧在火爐邊。故此，煮食前總是思慮再三，對於步驟程序錙銖必較，發展出許多自認簡易的夏季烤箱料理。原則就是一鍋到底、大塊文章，並盡量挑選易熟的肉類，以求真正開火烹煮的時間無須太長，基本上三十分鐘之內都能搞定。

適合預先製作的料理也很關鍵，像是能夠提前做好後冷漬入味的蔬菜，或是可以在前一天就調好的麵糊，都是在夏季讓我能速戰速決後逃離廚房的好幫手。

綜合香腸鮮蝦焗烤

這是梅子家夏季常見的「烤盤晚餐」之範例，肉類、蔬菜、澱粉整盤一次搞定。

這道食譜中，我使用的是美國市面上常見的Andouille香腸，亦可選用不同種類的西式香腸替換。

我經常說，過日子的料理沒有絕對，方便為好，鼓勵大家切勿被食材限制，不喜歡香料，沒關係，只放蔥蒜、椒鹽一樣好吃！沒有蝦仁，試試雞肉（雞翅）、貝類，甚至是蘑菇，都非常合適。

食材（4人份）

洋蔥	1個
檸檬	2個
香腸	340g
玉米	2～3根
黃色小馬鈴薯	約400g
水	2大匙
帶殼鮮蝦	900g
香菜／巴西里	適量

調味

橄欖油	½杯
蒜末	2大匙
紅椒粉	1大匙
新鮮百里香	適量
黃芥末粉	2小匙
薑粉	¼ 小匙
荳蔻粉	¼ 小匙
海鹽	1小匙
胡椒粉	½ 小匙

作法

1 洋蔥、檸檬切片，香腸切成小塊，玉米切成輪狀，小馬鈴薯對半切（或四分）。
2 取一微波爐專用容器，將馬鈴薯和玉米一起放入，淋上2大匙清水，加蓋後，高段加熱至馬鈴薯八分熟（斷生但尚未軟爛），約8～10分鐘。
3 將鮮蝦清除泥腸並洗淨後，擦乾水分備用。
4 將加熱完畢的馬鈴薯、玉米，與鮮蝦、香腸、洋蔥、檸檬片錯落放置於烤盤上。
5 另取一容器，混合所有調味料（辛香料可依喜好增減），均勻淋在烤盤食材上。
6 烤箱預熱至攝氏200度，放入烤盤焗烤15～20分鐘，直到蝦仁變紅熟透，即可出爐。

料理提示

● 馬鈴薯、玉米較難烤熟，因此利用微波爐烹煮至八分熟，再和其他食材一起焗烤。當然，事先用水煮至八分熟也可以。

酥烤魚條塔各餅
（佐紫甘藍沙拉）

美墨混搭式的捲餅，算是美國西南部的在地風味，也是梅子家很常見的夏季晚餐。

捲餅材料除了少量肉類或海鮮，大部分都是清爽蔬食，生菜、番茄、洋蔥、酪梨等，所有材料於餐桌上排開，各人自助自取。除了這裡使用的魚條外，簡單炒熟絞肉、拆骨的烤雞，或是牛排切片，也都是我們常用的捲餅材料。

食材（約 4 人份，12 份塔各餅）

日式麵包粉　100g
食用油　2大匙
白肉魚排　500g
（阿拉斯加真鱈魚排Pollock）
雞蛋　2個

捲餅配菜

墨西哥式軟麵餅　12張
紫甘藍沙拉　適量（參見P.58）
糖醋漬紅洋蔥　適量（參見P.32）
酪梨（切片）　適量
櫻桃蘿蔔（切薄片）　適量
小番茄（切對半）　適量
香菜（切碎）　適量
萊姆／青檸檬　2個

調味

海鹽　適量
黑胡椒粉　適量

作法

1 取一烤盤，放入麵包粉，再均匀拌入食用油，平鋪於烤盤內備用。
2 烤箱預熱至攝氏190度，放入作法1麵包粉，烤約5～7分鐘至金黃酥香，出爐放涼備用。
3 將魚排切粗條，用海鹽和黑胡椒粉調味；將雞蛋打散成蛋液備用。
4 將魚條沾裹蛋液後，放入作法2烤好的麵包粉內，輕壓裹粉，平放於烤盤網架上，以攝氏190度，烤約15分鐘，直到外部酥脆、魚肉熟透，取出，即完成香酥魚條。
5 **組合塔各餅**：取一張墨西哥式軟麵餅，在餅皮上放入適量的紫甘藍沙拉，接著，疊放香酥魚條、糖醋漬紅洋蔥、幾片酪梨、櫻桃蘿蔔及小番茄，最後撒上香菜，擠點萊姆汁，捲起餅皮，即可享用。

紫甘藍沙拉

這種以高麗菜為主的「長漬型」沙拉，在美國稱為Coleslaw，非常適合事先製作，冷藏醃漬入味，搭配像是炸雞或燒烤類較為油膩的肉料理，風味酸甜冰涼，在夏季聚餐或野餐的場合上尤其受歡迎，與海鮮搭配也非常合拍。

不想大張旗鼓煮食的日子，我會乾煎幾粒干貝或是大蝦，佐以事先準備好的沙拉，再開瓶冰涼的白葡萄酒，清爽又優雅，這是心目中理想的夏季晚餐。

食材（4人份）

紫甘藍	300g
高麗菜	100g
胡蘿蔔	70g
青蘋果	1個

調味

白醋	2大匙
黑胡椒粉	¼小匙
海鹽	½小匙
砂糖	2大匙
美式黃芥末	1大匙
美奶滋	2大匙

作法

1 將紫甘藍、高麗菜、胡蘿蔔、青蘋果分別切成細絲，備用。
2 將作法1食材與所有調味料一起拌勻，冷藏醃漬1小時以上再享用，風味更好。

料理提示

- 相較於台式或日式美奶滋，美式美奶滋糖分較低，口味偏鹹。若使用的是台式或日式美奶滋，請酌量調整砂糖用量。

肉腸約克夏布丁

約克夏布丁與香腸是不敗的早午餐組合，若兩者共用一鍋出爐更是省事。因為成品宛如小蟾蜍從洞中探頭，因此有了Toad in the Hole這個英語別名。週末睡到自然醒，起床後只要預熱烤箱，從冰箱拿出昨晚準備好的麵糊，就可以懶洋洋地趴在廚房的中島桌上，全家悠閒共度美好的早午餐時光。

食材

中筋麵粉	150g
中型雞蛋	3個
牛奶	400cc
西式熱狗香腸	6根
無鹽奶油	2大匙

調味

砂糖	30g
海鹽	½小匙（約5g）

作法

1 將麵粉、雞蛋、牛奶、砂糖、鹽一起攪拌混合成麵糊，放入冰箱冷藏靜置鬆弛1小時以上；或在前一晚預先做好，冷藏備用。

2 將烤箱預熱至攝氏200度。

3 在香腸上用刀橫向刻畫幾道，不要切斷，呈現手風琴狀。

4 在鑄鐵鍋內加入奶油，放入香腸，煎至外皮略微金黃，再倒入作法1冰涼麵糊，立刻放入事先預熱好的烤箱中；烘烤20～25分鐘，直到布丁膨起，且周邊焦香金黃，即可出爐享用 。

料理提示

- 烤箱確實預熱是麵糊膨發的關鍵，因此製作前一定要先預熱。
- 在高溫烤箱內，麵糊會高度膨脹，因此請選用深度適合的鍋具，麵糊只能至半滿，以免烘焙時油脂或麵糊溢出。
- 出爐後的鬆餅會因為溫差收縮、略微坍塌，這是正常的，切勿因此過度烘焙，會影響布丁邊緣酥脆而內部軟彈的口感。

油封蒜頭

同樣是一鍋搞定的料理，「油封蒜頭」算是梅子家夏季（或是一年四季）的常備佐料。如果市場有品質好的新鮮蒜頭，我一定會多買一些回來油封。這鍋蒜油看似量大，但它的用途很廣，真正使用起來根本供不應求，生活裡幾乎無法少這一味。只要有罐油封蒜頭在冰箱，無論是製作麵食、炒菜、涼拌、搭配肉類，甚至是抹麵包，都可用它來調味增香，十分快速簡便。

食材

蒜頭（整顆）	5顆
優質橄欖油	500cc
新鮮迷迭香	2～3枝
新鮮百里香	2～3枝
乾辣椒	適量（可省略）

調味

海鹽	適量
黑胡椒粒	20粒

作法

1 新鮮整顆蒜頭切去底部根鬚，將蒜頭從中間橫剖成一半。

2 將蒜頭放入小鐵鍋內，倒入橄欖油，放入迷迭香、百里香、乾辣椒，並均勻撒上海鹽及黑胡椒粒。

3 烤箱預熱至攝氏175度，放入蒜頭焗烤約1小時，或至蒜瓣軟熟，呈現焦糖色澤，即可出爐。

4 讓蒜頭與香料油在鍋內自然冷卻，再裝入玻璃罐內，密封保存，隨時取用。冷藏可保存1個月。

Part 2

時序，深秋

秋季最讓人開心的，
還是自家菜園的蔬菜
在接下來幾個月中，
可以陸續銜接上了。

打開冰箱盤點食材時，
總是忍不住嘴角上揚，
料理的靈感也會因著這些蔬材而源源不絕。
我又重新忘情地投入菜園的農活，
翻土、除草、播入秋耕的種籽。

風涼，秋耕起

隨著韭菜花季的離去，日照漸短，氣候明顯降溫，吹來的風也是涼涼的，終於開始有秋意了！

當地小農市集開幕的月份，走一趟總是收穫滿滿，這是我每年入秋後最期待的事情之一。我喜歡冰箱裡塞滿各式農產品的感覺，打開冰箱盤點食材時，總是忍不住嘴角上揚，料理的靈感也會因著這些美好的蔬材而源源不絕。

但秋季最讓人開心的，還是自家菜園的蔬菜在接下來幾個月中可以陸續銜接上了。

這對在高溫酷暑裡活活煎熬數月的

我們來說，實在是很快樂的事情，我又重新忘情地投入菜園的農活，翻土、除草、播入秋耕的種籽。

我每年會選植十幾種不同的葉菜，還有好幾款蘿蔔、馬鈴薯、胡蘿蔔等根莖；固定要種的是四季豆、豌豆，以及各種香草。除此之外，也輪耕不同的瓜類、辣椒、茄科等果實類蔬菜。接續整個冬季一直到來年春末，足以供給一家人百分之七十的蔬菜之需，其餘的，就從小農市集補足。

太喜歡這樣的生活方式，吃時令、吃在地，這實在是件讓人快樂的事情。

葡萄成熟時

加州產葡萄。北加州產的葡萄多半用來釀酒，南加州則多種植食用葡萄。葡萄產季依品種不同而異，一般從初夏陸續開始，進入秋季後產量整個大爆發，幾乎隨時上市場都有各種葡萄任君挑選，一直到年底氣候明顯冷了起來，產量才漸漸歇止。

我所居住的南加州沙漠地區是食用葡萄的主產區之一，終年陽光明媚、少雨，所產之葡萄又大又甜。

剛搬進現在這個房子時，我也曾不知天高地厚在園中種了幾株葡萄。當時自以為浪漫，殊不知種植葡萄是很大的學問，從修剪、疏果、到病蟲害防禦，得步步仔細，否則種出來的葡萄小得可憐，只適合用來做果醬或是葡萄乾，還不如買著吃算了。

再說，每年葡萄成熟時，我們怎樣都搶不過直接在茂盛的葡萄藤葉裡築巢的鳥兒們，牠們近水樓台，我們狼狽不堪，於是這幾株自家葡萄，最終還是忍痛拔除了。

南加州產季的第一波葡萄，會由山坳中的盆地處開始成熟、採收，隨著天氣漸熱，產區逐漸移到山頭後的臨近區域。我熟識幾家經銷商，專門銷售在地農作，每年當地葡萄上市時，我也會接到通知，便趕緊奔往市場，買幾串當季的葡萄，加上橄欖油和海鹽烤到滿臉皺紋，裝瓶冷藏存放。

西方的料理文化有時很有趣，拿水果當蔬菜，也拿蔬菜當水果。中西餐的不同之處，我在深入當地飲食文化後，也慢慢學會接受和喜愛。

我們家本不特別愛吃葡萄，但對於將葡萄當成蔬菜或配菜來料理的概念卻十分欣賞。

烤過的葡萄，味道很神奇，除了濃縮的甜味之外，也被海鹽與香料襯托出不同的層次。

平日裡的家常菜，於調味上盡可能地簡單、天然。我鮮少使用市售醬料，常用的調味品只有海鹽、胡椒、新鮮香草、香辛料等。像是烤葡萄這樣的食材，在料理時可以取代砂糖的使用，應用在燉菜中，除了甜味還有果香，提升風味層次。

我也喜歡將溫熱的烤葡萄搭配烤過的布里軟酪，軟滑的乳酪搭配帶有焦糖味的濃縮酸甜，佐搭紅酒十分美味。

迷迭香海鹽烤葡萄

食材

新鮮葡萄	約1000g

調味

橄欖油	2大匙
海鹽	½小匙
新鮮迷迭香嫩尖	數枝

作法

1 將葡萄粒（紫色綠色皆可）剪下，並清洗乾淨，平鋪於烤盤上。接著，淋上橄欖油，再撒上海鹽，滾動葡萄使之均勻沾裹油與鹽。

2 將迷迭香葉間錯擺放於葡萄上，移入烤箱，以攝氏200度烤約30分鐘，直到葡萄外皮微微皺縮、但尚未爆裂，即可出爐。

美味推薦

- 我們最喜歡用溫熱的葡萄搭配各色起司軟酪，或是佐搭牛排、烤雞等肉類料理。
- 烤葡萄亦可裝罐於冰箱冷藏，使用前再加熱即可，用以搭配麵包或製作沙拉也很合適。

烤葡萄
佐紅酒燉雞

食材

大雞腿	10支
麵粉	適量（約5大匙）
培根	150g
洋蔥	200g
胡蘿蔔	200g
大蒜	5瓣
蘑菇	450g

搭配蔬菜

小馬鈴薯	250g
西洋紅蔥頭	4～5粒
胡蘿蔔	250g
海鹽烤葡萄	適量（約1杯，參見P.73）

調味

新鮮百里香	4枝
新鮮迷迭香	4枝
乾燥薰衣草	1小匙
黑胡椒粒	1小匙
海鹽	1小匙（或適量）
紅葡萄酒	1瓶（750ml）
干邑白蘭地	2大匙
月桂葉	3片

作法

1 將大雞腿（帶皮帶骨）洗淨、擦乾，兩面均勻撒上麵粉。

2 取一鑄鐵鍋（或厚實的湯鍋）燒熱，放入雞腿，皮面朝下，煎至金黃、油脂釋出，翻面，同樣煎至金黃，取出備用。

3 將培根、洋蔥、胡蘿蔔、蒜瓣分別切小丁，倒入作法2鍋內，翻炒至香氣釋出。蘑菇對半切開（大蘑菇可以四分），倒入鍋內一同翻炒。

4 放入煎好的雞腿肉、所有的調味料，以大火燒開後，轉小火加蓋燉煮，約15分鐘。

5 **搭配蔬菜**：將小馬鈴薯切半、西洋紅蔥頭去皮切半、胡蘿蔔切適當的小塊，放入鍋內，繼續燉煮10～15分鐘，直到根莖蔬菜熟透。

6 加入適量的海鹽烤葡萄，以大火煮1分鐘，讓甜味釋出、混合入湯汁內，即可關火盛盤。

「秋梨，熱食」

雖說美國的夏季也產梨，但秋季的品種更適合料理。當市場出現漂亮緊實的秋梨，我就會一口氣買上許多回家「烤了放著慢慢吃」。

對，就是「烤梨」沒錯！

再好吃的梨，若讓我直接當成水果啃著吃，一次只有淺嚐一個的胃口，但加了楓糖漿及香草莢焗烤後，梨肉變得柔軟迷人，香氣撲鼻，我可以一口氣吃下三個，臉不紅氣不喘。

烤過的梨肉，搭配早餐鬆餅或燕麥也是絕配。秋季的早晨已經可以感覺到涼意，比起冰涼的水果，溫熱的烤梨更加健胃暖心。

不同於烤葡萄，跟華人朋友們聊到「洋梨熱食」的概念，似乎就沒什麼文化衝擊了。

就好比我們熟悉的冰糖燉水梨、小吊梨湯、水梨銀耳等；西式料理也常

將洋梨拿來焗烤或是燉煮。如果在烹梨同時添加像是葡萄酒、香草、玫瑰、楓糖、堅果等食材，所有的香氣便會盡數被吸收到梨肉裡，在本身的果香之外更增添層次。

經營餐廳的那幾年，每星期必須做上好幾次酒燉洋梨。

當時餐廳有道「洋梨溫沙拉」非常受歡迎：將事先燉好的洋梨切片，於小鍋內用奶油快速煎出焦香氣，放在綜合沙拉嫩葉上，搭配羊奶軟酪，以及覆盆子芥香沙拉醬汁……為了這道熱銷菜品，我們常常削梨削到手軟。

餐廳的廚房燉梨是這樣的：挑結實的梨種，選外觀蒂頭完整的產品，耐心地一個個削皮、再小心地把籽核挖除。加入葡萄酒、原蔗糖、少許海鹽，蓋過梨身，大火滾開後，再以中小火煨煮二十分鐘，直接於鍋內放涼，冷藏浸泡至少隔夜，二、三天後更美味。

記得自己曾說過，夏天白酒燉梨、冬季紅酒燉梨，當年餐廳菜色設計也如此依照季節變更。不過，近年來我更愛白葡萄酒，常常在寒冬裡開瓶的也是冰冰涼涼的白酒，自己定下的不成文「燉梨原則」也只好調整。

還有，燉梨固然美味，但我最愛的其實是最後剩下的酒漬梨汁，即使是簡單調以蘇打水都非常好喝啊！

香草楓糖烤洋梨

食材

洋梨	4個
堅果仁	¼杯

（核桃、榛子、松子都合適，也可省略）

調味

香草莢／純香草精	1根／2小匙
紅糖	8小匙
海鹽	1小撮
無鹽奶油／植物油	4大匙
楓糖漿	4大匙

作法

1 洋梨去皮、對半切開，挖掉梨核。
2 將香草莢縱剖、刮出香草籽（留下香草莢），與紅糖、鹽混合備用。
3 將梨子放入烤盤內，奶油切小塊，逐一放在每個洋梨上，再撒上作法2香草紅糖，淋上楓糖漿，撒入堅果仁，並放上香草莢。
4 將作法3放入烤箱，以攝氏190度焗烤20～30分鐘（或視梨子大小，調整烤焙時間），至梨肉出水軟熟，用刀可輕易刺入，即可出爐。

美味推薦

- 香草莢請勿丟棄，焗烤時一起使用，增添香氣。
- 烤好的洋梨可趁溫熱搭配薄餅、鬆餅，也可作為沙拉蔬果，抑或冷藏後直接享用，甚至應用於料理都合適。

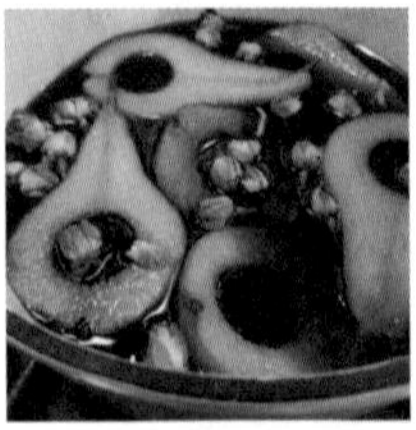

玫瑰紅酒燉梨

食材

洋梨	3個
紅酒	600cc
砂糖	240g
海鹽	約¼小匙
水	約500cc
飲用玫瑰花	20朵

作法

1. 將洋梨去皮，對半切開，挖掉中心果核備用。
2. 將紅酒倒入鍋內煮開，轉至中小火，掀蓋，滾沸10分鐘揮發酒精。
3. 放入洋梨，加入砂糖、海鹽，並注入水，蓋過梨子，以大火煮開後，加蓋，再以小火燉10～15分鐘。
4. 關火，放入玫瑰花，加蓋浸泡，待自然冷卻後，冷藏數小時即可享用。浸泡2天以上更為入味。

美味推薦

- 燉梨可延伸出其他吃法，比如取一小方塊冷凍酥皮，折疊四周略微高起，中間放置切片的燉梨，酥皮周邊刷上薄薄一層蛋液，以攝氏200度烤焙約15分鐘，就是非常快速可享用的紅酒洋梨派，適合作為即興下午茶點心。
- 梨子食用完畢後，我會將剩餘的燉梨汁煮開，以小火滾沸濃縮，直到剩下約一半容量，即成略微黏稠的蜂蜜狀糖漿。帶著梨香的「玫瑰紅酒糖漿」是很好利用的甜點醬汁，我會用來搭配冰淇淋或舒芙蕾，讓甜點瞬間升級。另外，利用這個香甜馥郁的糖漿，還可以製作非常好吃的家庭版歐式麵包，以下接續介紹。

玫瑰紅酒麵包

這款麵包堪稱最基礎的家常麵包，也是梅子家常吃的過日子配方，製作方式熟悉到幾乎全憑手感、不用測量食材。製作麵包所用的材料非常單純，沒有任何不健康、不天然的元素，僅利用麵粉自然水合*及隔夜發酵的方式「無為而製」，直接用手揉麵團，巧用靜置鬆弛的方式形成麵團筋性，不刻意追求所謂的「薄膜」、「拉絲」，非常輕鬆。雖然製法簡單，但成品彈性佳，組織綿密，麵香十足，純粹而耐吃。添加了玫瑰紅酒糖漿的版本，咬入時，細膩的香氣悠悠散出，風味細緻。

*麵粉與液體結合後，就會產生水解作用，即「水合作用」，可增加麵團的延展性。

食材（8 個小圓包）

即溶乾酵母粉	1小匙	高筋麵粉	450g
水	270cc	海鹽	1小匙
（外加1大匙=30cc備用）		玫瑰紅酒糖漿	60cc（參見P.82）

作法

1 將酵母粉和水混合，靜置到酵母溶化。在盆內混合麵粉和鹽，接著慢慢倒入酵母水，一邊攪拌，直到麵團成絮狀，再倒入玫瑰紅酒糖漿，並用手揉搓混合。

2 待作法1揉成團狀、但表面尚不太平滑的狀態，加蓋鬆弛30分鐘後，繼續用手揉搓一下，至麵團變得光滑。

3 將麵團整成圓形，加蓋發酵至體積成為兩倍大（大約1～2小時），觀察麵團蓬鬆充滿氣體，且手指壓入後產生「肚臍」凹洞不回彈，即可加蓋，放入冰箱冷藏隔夜（最多冷藏2天）。

4 烘焙當日，提前將麵團從冰箱取出，靜置20分鐘使之回溫。接著，適量撒些麵粉防沾黏（手粉／砧板粉），將麵團分割成8等分，再各自揉搓成圓形，置於烤盤上，並蓋上濕布發酵（大約1～2小時）。發麵完成的麵團顯得輕飄蓬鬆，手指從旁邊輕壓回彈緩慢。

5 於麵團頂部噴灑少許水，再用小網篩撒上薄薄一層麵粉，並用刀片在表面割幾道紋路。烤箱預熱至攝氏375度，放入麵團烘烤約15分鐘，待麵包有彈性、輕拍有空心感，且底部金黃上色，即可出爐。

料理提示

- 揉麵時，若感覺麵團太乾、揉不動，可適量加水調整，直到水分完全被吸收，感受麵團手感，直到柔軟方便操作。另外提醒，備用的水不要一次性加入，也無須全部用完，以免麵團太黏手，不容易操作。
- 製作麵包的技巧由淺入深，變化很多。這裡介紹的是最簡易家常的作法，不在細節上拘泥，是梅子家最喜愛的質樸敦實的日常口味。
- 紅酒糖漿內的玫瑰花可一起揉入麵團中，不會影響成品。另外，這裡雖然使用了紅酒糖漿，但成品卻不是甜麵包，而是略帶鹹味與麵粉香氣的歐式麵包。
- 發麵的時程與室內溫度非常有關，室溫高、濕度高，發麵速度快；冬季室溫低，就需要更多時間來發麵，因此記錄中的時程僅供參考，實際操作請依作法中所描述的麵團狀態來觀察是否完成發麵。
- 烘焙時程會依各家所使用的工具性能不同而略微改變，亦須觀察成品顏色及彈性後，再決定出爐時機。

拆解一隻全鴨之後

天氣涼爽，是時候做些花功夫的菜餚了。

比起全雞，我更喜歡拆解全鴨。

在美國買到的脫毛全鴨，一般會把鴨脖、胗肝一起附上，包裝好，塞在骨架中空處。將內臟包裝從鴨腹中取出，然後用利刀將兩片鴨胸割下，翻轉過來，沿著脊骨肋條邊上找到腿骨關節，仔細切下帶皮鴨腿，最後是鴨翅。

一口氣處理兩隻全鴨，得到鴨胸、鴨腿各四片，淨鴨架兩付，另外鴨翅、鴨脖、鴨胗、肝等下水邊角料一大盤，足夠我們一家人吃好幾餐，非常實惠。

淨鴨架可以用來煲湯，多餘的鴨皮煉出整罐鴨油，之後用以炒菜做滷，都是美味。鴨腿適合油封，脆皮鴨胸則和黃瓜、大蔥搭配得天衣無縫，用燙麵餅捲著吃，這在我家常被用來偽裝成北京烤鴨。鴨胸還可用來自製臘肉，然後拿來做煲仔飯；而料理胸、腿的同時，用煸炸出的多餘油脂來烤馬鈴薯或是炒四季豆，就可以連同蔬菜一起搞定當日餐食。

經營餐廳的時候，油封鴨腿是最受歡迎的菜色之一。

雖然經過低溫慢火悉心油封的鴨腿，本身酥而不膩、入口即化，已經饒富滋味，然而這道幾乎多數法式餐廳都會供應的經典料理，最終如何在餐盤上呈現，才是真正體現各個廚房不同烹調特色之關鍵。

餐廳裡，我們隨著時令更換配菜菜色。例如夏季，推出金酥的鴨腿搭配炙烤杏桃和酸櫻桃巴沙米克（Balsamic）醬，而秋冬則換成煎得焦香的酒燉洋梨和紅酒醬。我喜歡配菜裡帶有少許甜和酸的元素，總覺得這樣的味覺背景更能詮釋鴨腿本身的細緻馨香、濃郁微鹹。

在家中復刻油封鴨腿，我仍會悉心搭配當季蔬果，如自家秋收的胡蘿蔔、番茄、馬鈴薯等，淋拌鴨油，焗烤至金黃，與酥脆鹹香的鴨腿極為合拍。全食物，純手工，順時令，這是我心目中的理想「健康飲食」。

香料鹽

這款多功能香料鹽，除了用在醃製油封鴨之外，也可用來作為其他肉類的調味，跟牛肉、豬肉，甚至雞肉都很合拍。

食材

丁香	10粒
多香豆*	2大匙
黑胡椒粒	2小匙
海鹽	8大匙

＊亦稱作多香果、眾香果、全香子，或是牙買加胡椒，英文名稱為Allspice，在香料行可買到。

作法

1 將丁香、多香豆、黑胡椒粒放入平底鍋內，以小火乾炒出香味。
2 倒入調理機（打磨機）內，打碎成香料粉，再與海鹽均勻混合，即完成。

油封鴨腿

傳統的「油封」技巧，實際上是一種延長食物期限的隔菌保存方式。照理說，只要保持食材浸於油脂下方、不曝露在空氣中，便可在室溫的環境下保存多日。但現代人有冰箱設備，硬是放置室溫不冷藏，似乎又矯情了點；再說，若碰到濕熱天氣難免變數多，因此，待鴨腿冷卻，可將其小心取出，瀝乾多餘油脂，分別平鋪在器皿上（不要相疊），放入冷凍庫中，待結凍後，再統一收起、並冷凍保存。食用前取出，直接鋪排於烤盤內退冰，再烤酥外皮即可。

食材		調味	
帶皮鴨腿	4支（每支約250g）	香料鹽	約1大匙（參見P.90）
鴨油	3杯（約720cc）		

作法

1 將整支鴨腿抹上香料鹽，加蓋冷藏醃製2天。

2 取出醃好的鴨腿，擦乾表面水分，用小刀繞腳踝骨劃一圈破皮斷筋，放入深烤皿內（琺瑯鑄鐵鍋最佳）。接著，倒入足夠鴨油（或其他油脂亦可，溶化至液態；視容器大小、深度，所需油脂用量略有不同），油脂必須完全淹沒過鴨腿。

3 烤箱設定攝氏95度，放入作法2鴨腿，烤約3～4小時，直到鴨肉酥軟、外觀仍然保持完整。將鴨腿從烤箱移出後，直接在鍋內自然冷卻至室溫。

4 將鴨腿從鍋中取出，瀝乾多餘油脂，皮面向上，平放於烤盤上，移入攝氏200度烤箱中，焗烤約15分鐘，或至鴨腿表皮金黃酥香，即可出爐排盤。

料理提示

- 封鴨是否一定要用鴨油？其實不然，也可以使用其他油脂，但必須選用高燃點的油品。雖如此，但天然的動物油脂穩定性高（非化學煉製），加上整個油封的過程只以低溫加熱，油脂並無滾沸或冒煙的現象，只有陣陣香味飄出，一般來説都可重複利用，這也是使用鴨油製作油封鴨比其他油脂更實惠的原因之一。

美味推薦

- 最常見與油封鴨搭配的是沙拉生菜或鴨油蔬菜焗烤。因此，我另外準備了自家栽種的時令胡蘿蔔、番茄、馬鈴薯等，酌量拌入鴨油，撒點香料鹽，與鴨腿一同放入烤箱烤到熟軟噴香。若不使用烤箱，把蔬菜切成合適大小，用鴨油拌炒也可以，方便省事。
- 油封後的鴨腿肉，也可以拆下來當作醃肉、火腿一類的風味食材，延伸運用在其他料理中，像是義大利麵、披薩、三明治等，甚至中式小炒，都意外地不違和。

滷鴨雜

食材（2隻鴨）

鴨脖、鴨翅、鴨心、鴨胗、鴨肝

調味

香菜	3支
乾辣椒	4根（可去籽降低辣度）
青蔥	2支
薑	3片
花椒粒	½小匙
八角	2粒
草果	1粒
香料鹽	適量（參見P.90）
玫瑰露酒／紹興酒	2大匙
蠔油	2大匙
砂糖	1大匙
醬油	1大匙

作法

1 將鴨脖、鴨翅剁成小段，與鴨心、鴨胗、鴨肝一起用熱水燙洗乾淨，拔除細毛管。
2 取一深鍋，放入鴨脖、鴨翅及調味料，注入清水淹沒過食材；煮開後，以小火繼續滷煮20分鐘，再放入鴨心、鴨胗、鴨肝，重新煮開，並滾沸幾分鐘以煮透食材。
3 關火後，將食材留在滷汁內自然冷卻，並移入冰箱冷藏，浸泡隔夜入味。
4 食用時，加熱滷汁食材至溫熱，但不須滾沸，以保持內臟食材的軟嫩度。

美味推薦

- 溫熱的滷汁可以延伸利用，添加高湯作為米線、麵線、冬粉或米粉湯料，搭配炒酸菜、炸花生等小菜一起享用。

鴨架湯

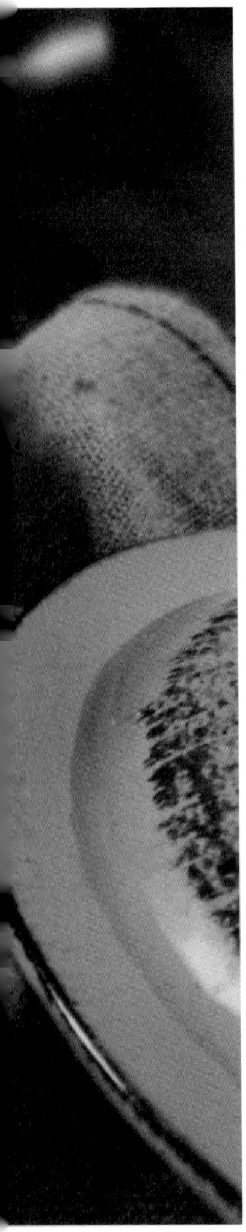

食材

鴨皮／鴨骨架／邊角料　2付（拆鴨時所得）
青蔥　3支
老薑　1小塊

搭配食材

豆腐及蔬菜（白菜、小芥菜、菇類等），依喜好適量

調味

海鹽　適量
白胡椒粉　適量

作法

1 取一湯鍋，在乾鍋中放入鴨皮，煎出油脂。
2 鍋內留少量鴨油及油渣，將多餘油脂倒出存放（可用於其他料理），再放入鴨骨架及邊角料，煎炸至表面金黃。
3 放入蔥、薑，加適量熱水淹沒過食材；煮開後，以小火熬煮2小時以上。（請留意，勿直接倒入冷水，以免結塊，造成油脂乳化不完全，之後高湯不容易熬出乳白狀態。）
4 過濾出骨架及邊角料等食材，淨高湯再用鹽和白胡椒粉調味。接著，放入豆腐、鮮蔬一起熬煮熟透，即可盛出享用。

煎鴨胸配薄餅

食材

鴨胸　2塊（每塊約250g）

搭配食材

蔥絲
黃瓜絲
白蘿蔔絲
香菜
甜麵醬（蘸鴨用）
燙麵小薄餅（參見P.102）

調味

香料鹽　1小匙（參見P.90）
花椒粉　¼ 小匙
蜂蜜　1大匙
水　1大匙

作法

1 用刀在鴨胸皮上劃幾道開口。將香料鹽與花椒粉混合，均勻塗抹於鴨胸兩面，冷藏醃製一整夜。
2 燒熱平底鍋，將鴨胸皮面朝下，以小火乾鍋煎製，不要翻動，直到鴨皮縮緊呈金黃色，並釋出油脂，即可取出備用。
3 將鴨胸移至烤盤內，鴨胸皮面朝上。接著，將蜂蜜與水混合，於鴨皮上刷一層蜂蜜水，以攝氏190度烤10分鐘，或烤至喜好的熟度（鴨胸類似牛排，許多人喜歡吃七、八分熟）。
4 取出鴨胸，加蓋靜置5分鐘，讓肉汁回收，即可切成薄片排盤，搭配蔬菜，捲著薄餅一起享用。

燙麵小薄餅

食材（10 片小薄餅）

中筋麵粉	150g	滾水	90cc
海鹽	½ 小匙	食用油	適量

作法

1 取一大盆，放入麵粉及海鹽混合均勻；分幾次倒入滾水，邊用筷子攪拌，直到水分完全被吸收，呈現絮狀，用手搓揉成麵團。加蓋，於室溫靜置30分鐘，鬆弛麵團。
2 於料理檯面抹油，取出鬆弛好的燙麵團，揉搓至光滑，並分成10個大小相同的劑子*。
3 將兩個麵劑子壓扁，其中一個表面抹點油，再將另一個重疊上去，並繼續用手掌輕輕推壓成圓餅狀。
4 用擀麵棍將圓餅擀得薄一些，成為直徑約13公分的薄餅。重複操作，擀完所有餅皮。
5 燒熱平底鍋，不加油，以小火乾鍋烙餅，每隔10秒翻一次面，直到兩面烙印金黃色澤，且中間充氣鼓起，即可盛出。
6 趁熱將兩張餅皮輕輕撕開分離，並用乾淨紗布或毛巾覆蓋保溫。趁餅皮溫熱，包捲鴨胸與蔬菜（參見P.101）一起享用。

＊做餃子、饅頭等麵食時，將麵團均勻分成小塊。

料理提示

- 烙餅時間不宜太長，免得成品乾硬。
- 烙好的薄餅須加以覆蓋，避免水氣流失。若事先製作好薄餅，食用時可用蒸的方式重新加熱。

臘鴨胸

食材

鴨胸　2塊

調味

香料鹽	2小匙（參見P.90）
花椒粉	½ 小匙
玫瑰露酒／紹興酒	3大匙
高度白酒	適量

作法

1 用香料鹽、花椒粉及玫瑰露酒均勻塗抹鴨胸，加蓋，於冰箱冷藏醃製2天。

2 取出醃製好的鴨胸，用紙巾擦乾表面多餘水分，放置於網架上，底下墊一個容器，盛接滴落的汁液。

3 在鴨胸上刷一層高度白酒（高粱、二鍋頭、大麴皆可），連同網架、底部容器一起放入冰箱通風處風乾（置於冷藏室較空的層架，以使冷空氣流動順暢），不要加蓋。每日將鴨胸取出翻面，並刷一遍白酒。這個步驟重複1星期左右，觀察鴨胸表面完全乾燥，鴨皮浮出油光，並略有皺縮感。

4 用乾淨的棉紗布將鴨胸包起，換裝至小器皿內繼續冷藏熟成，同樣不要加蓋。

5 大約2星期後，鴨胸就會完全熟成。取出後，拆開棉紗布（須丟棄，不建議重複使用），鴨胸帶有淡淡醃製臘肉香氣及酒香，輕壓中間仍有彈性，即可密封冷藏保存1個月左右，也可以冷凍儲藏。

臘鴨煲仔飯

食材

在來米（絲苗米、秈米）	3量米杯
水	3.5量米杯
臘鴨胸（切片）	1塊（參見P.105）
綠葉蔬菜（油菜、芥蘭菜）	適量
食用油	2大匙

調味

鴨高湯／水	4大匙
生抽	2大匙
老抽	2大匙
黃冰糖	20g

作法

1 將在來米洗淨瀝乾，放入飯煲內，加入鴨高湯或清水，浸泡1小時。
2 將調味料混合後煮滾，即為甜醬油，冷卻備用。
3 以大火將作法1飯煲煮開，轉小火、加蓋，煲煮約8分鐘。接著，開鍋蓋，查看煲內水分被米粒吸收到八成、表面尚有一些濕潤時，快速放入切片的臘鴨胸，蓋回蓋子，繼續以小火煲煮約2分鐘。
4 開鍋蓋，查看確認水分完全被米粒吸收，米粒表面分明飽滿，這時迅速放入蔬菜，並沿著鍋邊淋上2大匙油；轉大火，加蓋，繼續烹煮約2～3分鐘（此步驟是為了製作焦香的鍋巴）。
5 關火，保持加蓋狀態，燜10分鐘後，即可開蓋，搭配甜醬油享用。

Part 3

時序，入冬

摘橙子成了我們家不成文的
年度家庭活動。
忙碌一下午，
以豐收的歡愉結束感恩節假期，
迎接冬季。

我的原則是「冬季缸醃、春夏鹽漬」。
趁天涼，
整缸酸菜、泡菜盡情吃個夠；
至於做成老鹹菜、梅乾菜，
那是春天以後的事了。

冬季的泡菜缸

記得小時候對於泡菜、酸菜等醃漬物的印象是「不健康」，似乎常常被大人勸誡這類食物要少吃。但自從自己懂得製作各種醃菜泡菜之後，才知道發酵和醃漬過的蔬菜裡並無什麼有害物質，並且，這是最古老、最自然的蔬果保存技巧。可見人們對於這些菜色的長期誤解，必定源自近代食品工業化後，業者為了賣相、防腐、甚至於美味，往裡面添加許多非天然物質的錯誤示範。

我一直非常喜歡單純靠乳酸菌發酵的泡菜、酸菜。

早些年，娘家附近有個我們很喜歡去的川菜小館，正宗四川老闆，泡菜做得極好。剛開張的時候，只要去用餐，老闆娘總是慷慨地奉送一大盤自家醃漬的泡菜，而遇上像我們家這樣的常客，還會多添個幾次。

後來因為太受歡迎，原本是贈送用的小菜也開始索價，之後更升級到罐裝出售了。當然，做生意不容易，為了支持好手藝的老闆，我們當然不介意付錢享用，但對於剛開始那ＶＩＰ的待遇還真是懷念啊！

記得後來購買泡菜，眼角都會瞟見老闆娘一邊將泡菜裝罐、一邊飛快地在容器封蓋前，把多餘的汁水仔細地倒回罈內，再添上幾片泡菜壓緊實……我心裡明白，這看似為了多給客人些泡菜的動作，實為不讓珍貴的泡菜老滷外傳。

因為泡菜滷一旦製成，就可以不停地添加蔬菜繼續發酵。

我爸總愛念叨他小時候住眷村，家家戶戶幾乎都常存有泡菜滷和老麵；短缺時，到左鄰右舍串門子、借一點滷子或老麵是常有的，所以每家做出來的泡菜和饅頭味道都差不多——我中有你，你中有我。

就這樣，即使是在那家川菜館捧場到我女兒出生，一直都沒機會從精明的老闆娘那兒偷到好吃的泡菜滷祕方。而後，我搬離了生活便利的洛杉磯，在諸多不便的逼迫之下，居然也學會了照顧泡菜缸、老滷湯的本事。自此，舉凡泡菜、酸菜、酸白菜、韓式泡菜、酸豇豆，甚至而後延伸出老鹹菜、梅乾菜等，都可以不求人了。

自家泡的酸菜風味好，而且完全沒有健康的疑慮。酸菜的後期延伸產品是梅乾菜，不過，我的原則是「冬季缸醃、春夏鹽漬」。趁天涼，整缸酸菜、泡菜盡情吃個夠；至於做成老鹹菜、梅乾菜，那是春天以後的事了。

「酸菜實做」

●食材與器具

*大芥菜、海鹽、純淨水、高度白酒（高粱酒或伏特加）、泡菜缸或任何可加蓋容器（只要大小夠將所有芥菜壓入）、重物（壓泡菜用）。

●容器清潔與殺菌

*幾年前我開始學習製作泡菜，而後每年固定製作，當中調整過許多細節，製作方式也做了許多改進。製作酸菜，或任何泡菜，唯一困難的部分是保持容器內部乾淨。發酵的過程不能沾「生水」（未煮沸或淨化過的自來水），也不能沾染油汙，這樣才不會變質、變味或腐敗。

*容器要以清潔劑和熱水確實洗淨，之後放入沸水中滾煮殺菌，再徹底風乾。另一種方式是利用烤箱替容器殺菌，以攝氏120度烤40分鐘，然後靜置於烤箱內，冷卻後再取出。玻璃罐連同零件等，都必須放入烤

箱殺菌（或煮沸殺菌）；不能耐高溫殺菌的容器或零件，不建議使用。

如果能在清潔殺菌的步驟上仔細到位，泡菜缸沒有不成功的理由。

蔬菜的處理與醃漬

*製作酸芥菜完全不用調味，單靠鹽和清水，最為簡單，因此這裡挑選酸菜來做示範。但其實無論是芥菜、白菜、蘿蔔或高麗菜等，所有天然發酵泡菜的作法和注意事項大致相同，唯有區別是所添加的香辛料及調味不同罷了。掌握基本原則，之後便可無限變化延伸。

*大芥菜只要整棵保持完整來泡製發酵，成品就會有市售的模樣。

①將大芥菜用冷開水沖洗乾淨，攤平，於室內自然風乾，直到多餘的水氣散盡，甚至葉片有些皺縮、體積明顯變小的狀態，大約需要1～2天時間（潮濕的地區可能更久），接著就可以準備塞入泡菜缸內。（圖1～3）

②每壓2～3棵芥菜入缸，就撒一大匙海鹽，重複堆疊，盡量壓緊。放鹽防腐很關鍵，寧多勿少，醃菜原本就應該鹹的。塞菜入缸的步驟吃力，有時會需要使出全身的力氣，才能將所有芥菜壓入缸內。那麼，一次製作少量難道不行嗎？當然可以！但芥菜在發酵時會慢慢釋出水分、體積逐漸縮小，變成酸菜之後根本沒剩什麼了，若要夠吃，製作時必須粗暴地對待，多做、猛塞才行。早年人們一次要醃漬很多芥菜，會用腳踩來幫助脫水進缸，可見所需之蠻力。（圖4～5）

③將芥菜全部塞入後，倒入煮沸或濾過的淨水；接下來芥菜本身也會出水，因此水不要放得太滿，只須淹沒過菜量的七成左右。（圖6）

④在芥菜上方壓置重物，以防止浮起；接著，倒入兩瓶蓋高度白酒到缸內殺菌。我使用的泡菜缸附有兩塊壓菜用的陶片；沒有的話，用重一點的盤子也可以，同樣須事前煮沸或放入烤箱殺菌。（圖7～8）

⑤最後加蓋。有些泡菜缸，像我用的這款，開口邊緣有凹槽，可加水封

1
2
3
4
5
6
7
8
9

罐、隔絕外在環境；若沒有這樣的設備，直接加蓋，甚至用大盤子蓋住容器口也是可行，只要隨時注意清潔，盡量避免與外界接觸就好。

（圖9）

發酵過程

*發酵時間依製作時當地氣溫而定。各地區發酵環境不同，我記錄的發酵時程只能作為參考。

*北美冬季比較乾冷，我們家室內溫度大約保持在攝氏15～18度上下；若是在氣候比較濕熱的地區，實際發酵時程可能更為快速，必須觀察實際發酵情況斟酌調整。

*添加泡菜老滷可加速發酵時程，但大部分蔬菜第一次發酵平均需要至少1週左右。發酵速度也會依菜種而不同，像是高麗菜、白菜、蘿蔔等，發酵速度比較快，而芥菜發酵往往需要2～3週。

*我大約在封缸1週後就會不定期檢查，用乾淨的筷子撿一塊出來品嚐酸度，再蓋回，直到酸度適合自家口味，即發酵完成。

成品儲藏

＊將熟成的酸菜逐一撈出，新鮮帶水分的酸菜可以馬上享用，或是密封冷藏存放2～3週；取出後，繼續晾乾脫水，就變成老鹹菜或福菜；熟成到最後，表面產生白色鹽霜，就變成梅乾菜。這幾種不同的菜品，我一般在芥菜盛產期都會持續循序製作好幾輪。

＊將酸菜滷汁另外倒出裝瓶，放在冰箱冷藏保存，即是珍貴的老滷。接續泡製時，塞菜、撒鹽，再將老滷全部倒入；若水量不足，無法淹沒食材，以淨水補足即可。如此，便永遠不缺好吃的自家酸菜（或泡菜）。泡菜滷是酵引，加速發酵，多多益善，但無須很精準配比，畢竟即使不用老滷，蔬菜仍可自然發酵，只是所需時程比較冗長罷了。

「檸檬與橙」

這些年來，我們家在感恩節假期最後一日的活動，就是到先生服務的醫院摘橙橘。

加州的陽光很適合橙類植物生長，各種橙橘果樹常被用於園林造景。醫院佔地頗廣，各處種植了幾十棵不同的橙橘，每年秋末結實纍纍，鼓勵附近住戶或員工採摘；於是在先生任職的這些年裡，摘橙子成了我們家不成文的年度家庭活動。拿著長長的摘橘網桿，忙碌一下午，坐擁幾大箱紅心葡萄柚、柳橙、甜柑、檸檬，以豐收的歡愉結束感恩節假期，迎接冬季。

我家也種有幾棵橙樹，血橙是我的最愛。

血橙要進入隆冬後方能採收，果肉才會出現戲劇性的紅色，不然切開與一般柳橙無異。經過幾週的低溫，血橙的外皮開始出現紅暈；採下、切開，果然見到如紅寶石般的瑰麗。

在橙橘盛產的季節，我喜歡量批處理，用小刀削下外皮與白色的瓤，只

剩中心有顏色的果肉部位，然後利刀穿梭其間，一瓣一瓣地將果肉剝出來。一口氣剝出一大盆綜合橙橘，可以當水果、做甜點、入沙拉，吃的時候拿叉、拿勺，不必剝皮也不用吐籽，滿口無礙，汁水淋漓，暢快至極！台灣這幾年流行事先剝好的「文旦盅」，應該也是追求類似的享受吧。

柑橘奶酪佐迷迭香檸檬糖漿

食材

水	2大匙
吉利丁粉	1大匙
淡奶（罐裝）	480cc
動物性鮮奶油	240cc
砂糖	80g
海鹽	⅛小匙

搭配食材

綜合柑橘果肉	適量
迷迭香檸檬糖漿	適量（參見P.123）

作法

1 在一小容器內放入冷水，均勻撒入吉利丁粉，待其吸水發脹，泡開。

2 在小湯鍋內放入淡奶、動物性鮮奶油、砂糖及海鹽，以中、小火煮至起小泡，立即關火（不須滾開，以免溢鍋）。

3 關火後，倒入泡開的吉利丁，攪拌溶化。將它倒入模具，放入冰箱冷藏凝固。食用時，搭配綜合柑橘果肉與迷迭香檸檬糖漿，風味十足。

迷迭香檸檬糖漿

食材

砂糖	200g
水	240cc
新鮮迷迭香	約8g
鮮榨檸檬汁	1大匙

作法

1 在鍋內放入砂糖、水、迷迭香，以中火煮滾後，再以中、小火續煮5分鐘。

2 撈出迷迭香，靜置放涼，再加入檸檬汁，待完全冷卻後，裝罐冷藏。

冬季才見梅爾檸檬

檸檬在美國雖說四季不缺，但梅爾檸檬（Meyer Lemon）卻只在冬日裡的短短數星期會出現於市面上。梅爾是檸檬與柳橙的混種，皮薄而汁水多、不苦不澀、酸度適中，還帶有淡淡如花似蜜的香氣。朋友家也有種植，逢產季多到自用吃不完，搬了幾袋到公司四處求爺告奶，拜託大家幫忙消耗，我們當然也助人為樂、當仁不讓，每年冬季照例領一大袋回家。

在這裡生活久了，會發現美國人很喜歡用「When life gives you lemons」（當生命給了你檸檬）的開頭來造句。家裡有檸檬樹的人都知道，產季那一樹的檸檬吃到胃泛酸都用不完；送鄰居，左鄰右舍也多半都有檸檬樹，避之不及。所以原句「When life gives you lemons, make lemonade」（當生命用檸檬砸向你，把它們做成檸檬汁），是鼓勵人們換角度思考，化危機為轉機、化困境為福氣的意思。

我不想只做檸檬汁，倒是把檸檬用鹽醃起來，做出更實惠的鹹檸檬。

回想起人生醃製的第一罐鹹檸檬是在婚前，當時是跟著一位姐妹從越南朋友那兒學來的。原出處無可考，反正是一代一代傳下來的古法，聽說在中國南部省份及東南亞地區都很常見。

對當時年少又沒什麼耐心的我們而言，製作「一年以後才能品嚐」的成品，真是非常考驗耐力的事。還記得第一罐鹹檸檬剛泡起來的時候，接連好幾個星期，幾乎每天對著瓶子晨昏定省，反覆撫摸著瓶身，一邊觀察裡面的動靜。那時我跟當時還是男友的先生已交往近六年時間，姐妹們常開玩笑，戲稱我在幫自己釀製「女兒紅」。

求婚發生在檸檬醃起的幾個月後，匆忙準備婚禮之餘，已經把那罐鹹檸檬忘得乾乾淨淨；婚後一年左右，購得新屋，每天到工地查看進度，哪還記得有鹹檸檬這檔子事兒。就這樣，那罐鹹檸檬跟著我從小公寓搬到新家，從這個角落換到那個角落，兩、三年的時間，都不曾真正地想起它來。

女兒出生後幾年，某一天我感冒得厲害，鼻子、嗓子、眼睛、喉嚨，無一處舒服。忽然想起了這罐多年以前的「女兒紅」，放膽切取一塊，泡了一杯熱蜂蜜水，宛如陳皮的中藥香氣伴隨著熱氣灌下去，感冒馬上就好了一半。後來，那罐鹹檸檬又陸續被使用了幾年。最後剩餘的幾顆，使用時，已經是存放七年之久的XO等級。

繼越式鹹檸檬之後，我又愛上摩洛哥式的鹽漬檸檬。

不同於越南朋友教的鹹檸檬用鹽水泡製，摩洛哥式的鹽漬檸檬，是用鹽、各種香料及檸檬本身的汁水醃漬的，可依喜好做得又香又辣，製作時程短，醃漬的過程可以在冰箱內冷藏進行，非常方便。這款檸檬的風味，除了鹹味之外，也「鹹感」十足……意思是，相較於越式鹹檸檬可以調成飲料的甘醇，摩洛哥鹽漬檸檬更適合應用在料理中，即使搭配大魚大肉也清香撲鼻，化油解膩。

因此，每逢冬季當朋友送上大把檸檬，小廚房的工作就會開始很耗鹽，幾罐檸檬醃起，可以享用到翌年冬檸檬又黃之時。

鹹檸檬

食材

檸檬　　適量（注滿容器）

製作飽和鹽水材料＊

食鹽　　適量

淨水　　適量

＊一般食用鹽或海鹽皆可。關鍵在之後的「加熱飽和」，無論水量多少（因為各家製作份量及容器都不同），只要加入足量鹽至無法繼續溶解，就達到飽和程度。

作法

1 醃漬鹹檸檬的方式非常簡單，沒什麼技巧，只要確定所有容器及檸檬本身的清潔就好。
2 取適當大小的可封口玻璃罐（因為浸泡時間長，建議使用玻璃容器）。清潔方式跟泡菜缸一樣，用滾水燙煮瓶身殺菌、瀝乾後，瓶口朝下倒扣（置於網架上）直到完全風乾。
3 煮一鍋熱水，將檸檬放進去滾煮30秒殺菌，迅速撈出，待檸檬冷卻後，用叉子在檸檬外皮各處戳一些小孔。
4 另煮開適量的清水，倒入食鹽，直到鹽粒不再溶化為止，此為飽和鹽水。讓鹽水冷卻至室溫後才使用；鹽水冷卻後可能會有些食鹽結晶沉澱於底部，只取上層鹽水來醃檸檬。
5 將檸檬放入瓶內，倒入鹽水至完全覆蓋檸檬。因為鹽水的濃度高，檸檬可能會浮起；若是容器空間寬大，最好壓入重物，讓檸檬保持完全浸入鹽水的狀態。鹽漬檸檬的過程類似發酵，初期亦會產生氣體。使用製作果醬用的美式梅森密封罐比較沒有溢出的顧慮，發酵前期偶爾鬆開瓶蓋排氣就好。若是其他種類容器，蓋子最好不要旋鎖太緊，裝罐不要太滿，預留空間及孔縫排氣，待經過發酵前期，大約數週後便不會有溢出的疑慮，屆時再將罐子密封儲藏。
6 標明日期，醃製一年以上，就可以開始使用。

料理提示

- 另有不用鹽水、直接以大量鹽巴醃漬的鹹檸檬作法，讓檸檬整體脫水，幾乎像是檸檬乾。
- 這樣的醃漬方式有許多好處，比方說：體積小不佔容器空間、對容器的消毒確實程度較不挑剔、醃漬過程不容易變質腐敗等。但對比鹽水醃漬的成品，光是熟成切開後，檸檬內部的膠質感就相差很多（以鹽巴醃漬的鹹檸檬，膠質感低，果肉因過度脫水而乾柴）；再者，以大量鹽巴醃漬的鹹檸檬，本身所帶之鹽分較高，入菜時須特別斟酌用量，一不小心很容易就過鹹了。因此，我個人仍然比較喜歡以鹽水浸泡的方式來製作鹹檸檬。

鹹檸檬蘇打水

娘家附近有個從我高中時代就一直光顧的越南河粉店，菜單裡，我們一家最愛喝的飲料除了越南咖啡外，另一味就是蘇打檸檬。一大杯蘇打水，杯底有整塊鹹檸檬及一層砂糖，長柄茶匙與吸管一同派上用場；喝的時候，先以鐵茶匙將檸檬搗碎，攪拌均勻後，再連同甜甜的氣泡水一口吸起，甜、鹹、酸，伴隨著氣泡在舌尖起舞，那滋味既特別又難忘。

食材

鹹檸檬	半個（參見P.129）
砂糖	適量
無糖氣泡水	適量

作法

將鹹檸檬和砂糖一同放入缽內，用長柄匙（湯匙）壓碎；接著，放入杯內，加入冰塊及無糖氣泡水，輕輕攪拌均勻即可享用。

料理提示

- 無糖氣泡水也可直接用「七喜」這類檸檬汽水代替，並減少砂糖用量（或不放亦可）。

摩洛哥鹽漬檸檬

不同於越式鹹檸檬，摩洛哥式的鹽漬檸檬製作後很快就能使用，並融入多種香料的複合風味，非常適合搭配肉類料理。

食材

黃檸檬	5個
海鹽	3大匙

調味

胡椒粒	2小匙
月桂葉	3～4片
乾辣椒	3～4根
新鮮百里香	4～5枝

作法

1 煮一鍋滾水，放入檸檬滾煮30秒後，撈出並瀝乾水分。接著，將每個檸檬分別切開數瓣成花狀，並留意底部勿切斷。

2 取一切開的檸檬，在中心開口處撒上少許海鹽後，塞入乾淨容器內，並放入部分香料。重複以上步驟，直到所有檸檬和調味香料用完為止。

3 取一舂杵（或擀麵棍），將瓶中檸檬用力舂數次、壓出汁水。加蓋，放入冰箱冷藏醃漬，大約1週即可使用。

摩洛哥鹽漬檸檬蝦沙拉

食材

珍珠麵	350g
蝦仁	350g
摩洛哥鹽漬檸檬	半個（參見P.134）
番茄	300g
無花果乾	50g
新鮮巴西里	10g
新鮮蝦夷蔥	10g

調味

海鹽	適量
黑胡椒粉	適量
橄欖油	4大匙
油封蒜頭&蒜油	適量（參見P.63）

作法

1 煮一鍋滾水，將珍珠麵放入鍋內，煮至浮起、中間無硬心，用瀝勺盛出備用。

2 將蝦仁剔除腸泥並清洗乾淨。接著，利用鍋內滾水繼續燙熟蝦仁，撈出備用。

3 將鹽漬檸檬剁碎、番茄切成小丁、無花果乾切小塊、巴西里和蝦夷蔥切成細末備用。

4 將所有準備好的材料連同調味料一起拌勻，即可享用。

料理提示

● 珍珠麵（Fregola）是一種狀似小珍珠般的義大利麵，由杜蘭小麥製作，手工搓製成型，最後烘乾便於存放。蝦夷蔥又稱細香蔥，若不便取得，可用一般青蔥代替。因使用鹽漬檸檬鹽分高，調味中的海鹽，請依各家飲食習慣斟酌用量。

摩洛哥鹽漬檸檬燉羊膝

食材

羊膝	兩根（羊小腿腱，連骨，共1200g）
食用油	適量
洋蔥	200g
去核椰棗	80g
摩洛哥鹽漬檸檬	1個（加些漬汁及同漬的香料）
水	適量

搭配食材

杏乾薑黃古斯米（參見P.143）

調味

海鹽	適量
蜂蜜	2大匙
番紅花	1小撮
黑胡椒粒	½小匙
小荳蔻	10粒
水	250g

作法

1 在羊膝上，均勻撒一層薄薄海鹽，備用。
2 取一炒鍋，放入食用油燒熱；接著，放入羊膝，煎至每面色澤金黃。
3 將煎好的羊膝與其餘食材及調味料一起放入塔吉鍋，再加入適量水淹沒過食材底部。
4 將作法3移入烤箱，以攝氏190度焗烤約2小時，直至羊膝軟熟、狀似脫骨，即可出爐。

料理提示

- 我使用的塔吉鍋不能用於直火，因此煎羊膝的步驟改用一般炒鍋操作。如果所使用的塔吉鍋材質適用於爐火，即可一鍋到底。
- 塔吉鍋可用鑄鐵鍋或任何適合放入烤箱的烤皿鍋具代替；若鍋子本身無蓋，可用錫箔紙加蓋。
- 若不使用烤箱，也可直接於爐火上燉煮至軟熟。

杏乾薑黃古斯米

食材

杏仁片／去皮杏仁	100g
杏桃乾	150g
高湯／清水	3杯（720cc）
古斯米（北非小麥）	480g
新鮮巴西里（切碎）	30g

調味

番紅花	1小撮
薑黃粉	1小匙
海鹽	1小匙

作法

1 將杏仁片放入小鍋內，乾鍋以小火炒至色澤金黃、散出香氣，備用。
2 將杏桃乾切成小塊，與高湯或清水一同煮滾；關火，倒入古斯米與調味料，迅速攪拌均勻後，加蓋，利用餘熱燜熟米粒，直至鍋中水分完全吸收，大約10分鐘。
3 用叉子撥散古斯米，撒入杏仁片與切碎的巴西里，拌勻後即可享用。

「暖心的香料熱蘋果汁・美式雞湯麵」

年底的美國市場，貨架上到處可見Apple Cider的蹤跡。所謂Apple Cider，就是不經過濾、無額外添加的蘋果汁，這與一般認知的「蘋果西打」不同。雖說打入氣泡的蘋果汽水也叫「Cider」（西打），但通常會在前面加上「Sparkling」（氣泡）這個字。Apple Cider這種蘋果汁，因為榨汁後不經過濾（只濾渣），因此，果汁並非透明澄清，通常都帶點渾濁感。

在美國，一年四季都可以買到各種蘋果；而唯獨在冬季聖誕節前後，蘋果不再是「健康食品」，人們會忽然想起充滿肉桂糖及荳蔻粉的蘋果派香氣。除此之外，還有「熱香料蘋果汁」（Spiced Apple Cider），類似「熱香料紅酒」（Mulled Wine），只是將紅酒的部分換作蘋果汁，跟香料一起熬煮，成就的這款飲品，簡直就是把節慶的味道完整裝進杯子裡，喝起來的滋味宛如噴香的蘋果派，非常美味！

y Christmas
&
Y NEW YEAR

每當到了喝熱蘋果汁的季節，女兒總喜歡翻翻舊帳，提起兒時那件牙癢癢的往事：

那年她跟同學們一起到農場果園參觀。園區準備了很多互動的活動，小朋友們還有機會體驗用古老的手搖方式壓蘋果、榨果汁；然後農場主人用好大的鍋煮香料蘋果汁，那個香味好迷人……

「但我一口都沒有喝到！一杯Apple Cider要一塊半美元！我們都～沒～有～帶～錢！」女兒總是憤憤不平地抱怨：「那個香味讓我坐上校車後都還在想！」

貪吃的小妮子，這麼多年後提及這段往事仍然氣得跳腳，好似昨日才發生一般。

但熱香料蘋果汁的氣味，的確就是美國小孩每年最期待的味道啊！若是再放上厚厚的現打鮮奶油、淋上焦糖醬，全家連同貓狗一起坐在暖烘烘的客廳裡，看著聖誕樹的吊飾反射著燈影閃爍，不時地啜飲一口香甜……真是一幅讓人著迷的畫面。

果然，人一生很多快樂的記憶，都跟食物的香氣緊密連結。

小時候父母都上班，常常是外婆在照顧我們。如果家裡有鍋昨晚喝剩的雞湯，外婆就會做麵疙瘩給我吃。和麵的時候，外婆會問我：要吃大疙瘩還是小疙瘩？我回答：大的！外婆就會把麵糊和得濃稠些，這樣下鍋的麵就會團得比較大顆。蔥薑熬的雞湯，配上糊糊的麵坨坨，打顆雞蛋花，加上翠綠的小白菜，就是我童年最熟悉的味道，也是我對外婆最深的記憶。

對於在美國長大的孩子來說，代表童年的滋味是美式雞湯麵。不同於只放蔥薑的中式雞湯，美式雞湯是融入許多帶有香氣的蔬菜一起熬煮的，胡蘿蔔、洋蔥、芹菜，以及香辛料，交織出的氣味是大多數美國人成長中最暖心的回憶。他們相信，無論是感冒、失意或沮喪，一碗熱騰騰的美式雞湯麵都能起到慰藉的作用。

在美國出生的女兒雖然中西通吃，但若硬要她選擇，女孩兒居然也選美式雞湯。不得不說，這種雞肉與蔬菜長時間熬煮的高湯，實在有其迷人之處，而且用料豐富到幾乎可以單獨當作一道菜……

這麼說絕不誇張，美國還有一道高人氣家庭料理叫做「酥皮雞湯派」（Chicken Pot Pie），是一道將雞湯中的材料整鍋包進派皮裡的菜餚。內餡呈濃湯狀，酥皮就直接覆蓋於湯鍋上，一起放進烤箱，因此叫Pot（鍋）Pie（派）。在多數美國人的童年回憶裡，這也是名列前茅的療癒系美食。

熱香料蘋果汁

食材

柳橙	1個
蘋果	1個
蘋果汁	1000cc

調味

甜肉桂	1根
杜松子	10粒
丁香	5粒
八角	1粒
紅糖	4大匙（可省略）

＊以上香料用量，可依喜好自行增減。

作法

1 將柳橙切片、蘋果切小丁，備用。
2 將所有食材及調味料放入小湯鍋內，以大火煮開後，轉小火熬煮10分鐘；關火，浸泡10分鐘，過濾食材，趁溫熱飲用。

蘋果汁豬排

食材

蘋果	1個	新鮮鼠尾草葉片	6片
洋蔥	半個	新鮮迷迭香	2枝
豬里肌肉排	6片（每片約150g）	狄戎芥末（Dijon）	1大匙
食用油	適量		
無鹽奶油	4大匙		
香料蘋果汁	180cc（參見P.148）		
干邑白蘭地	1大匙		

調味

海鹽	適量
黑胡椒粉	適量

作法

1 將蘋果去皮、切厚片，洋蔥切粗絲，備用。

2 在豬排兩面均勻撒上海鹽與黑胡椒粉，備用。

3 取一平底鍋，在鍋內放少許食用油燒熱，再放入豬排，煎至半熟，取出備用。

4 不要洗鍋，直接於鍋內放2大匙奶油，加入作法1蘋果與洋蔥翻炒，倒入香料蘋果汁、白蘭地，再放入鼠尾草葉片及迷迭香煮開。接著，將作法3豬排放回鍋內，煮至豬排熟透。

5 將豬排先取出，放於盤中。於鍋內湯汁中放狄戎芥末、2大匙奶油，煮開成略微濃厚醬汁，淋在豬排上一起享用。

美式雞高湯

食材

全雞	約1500g
胡蘿蔔	250g
芹菜	100g
洋蔥	250g
新鮮巴西里葉	20g
月桂葉	3～4片
水	約3000cc

調味

黑胡椒粒	1小匙

作法

1 將一整隻雞放入滾水中，以大火燙1分鐘，取出後，將雞身內外沖洗乾淨，備用。

2 將胡蘿蔔、芹菜、洋蔥，分別切成塊狀，備用。

3 取一燉鍋，在鍋內放入燙洗好的全雞，加入作法2蔬菜，以及巴西里葉、月桂葉、黑胡椒粒，再倒入3000cc左右清水淹沒過食材，以大火煮開後，加蓋，轉中小火熬煮30～40分鐘，將雞肉煮至熟透。

4 將整隻雞取出，拆下雞腿肉、雞胸肉（約取得650g雞肉），並將雞骨架與其餘零碎放回湯鍋中，以小火繼續熬煮2小時。關火後，將熬湯食材撈出捨棄，並過濾湯汁，即成純淨的美式雞高湯。

美式雞湯麵

食材		調味	
胡蘿蔔	350g	乾燥百里香	適量
芹菜	170g	海鹽	適量
洋蔥	200g	黑胡椒粉	適量
義大利麵（形狀短胖，如螺旋麵或筆管麵）	200g		
食用油	2大匙		
美式雞高湯	1200cc（參見P.153）		
熟雞肉	350g（參見P.153作法4）		

作法

1 將胡蘿蔔、芹菜、洋蔥，分別切小丁備用。
2 煮一鍋滾水，倒入義大利麵煮熟，試吃無硬心狀態，即可撈出備用。
3 取一湯鍋，在鍋內放入2大匙食用油，再放入作法1蔬菜丁煸炒至熟軟。接著，倒入雞高湯煮開，加入調味料、義大利麵、熟雞肉，再次煮開即可，趁熱盛出享用。

美式酥皮雞湯派

食材

胡蘿蔔	350g
芹菜	170g
洋蔥	200g
義大利麵	200g（形狀短胖，如螺旋麵或筆管麵）
食用油	2大匙
熟雞肉	350g（參見P.153作法4）
冷凍酥皮	2張（各23cm X 23 cm）
雞蛋	1個（打散蛋液）

白醬材料

無鹽奶油	60g
中筋麵粉	4大匙
高湯	240cc（淡色高湯或美式雞高湯皆可）
鮮奶	240cc

調味

荳蔻粉	少許
海鹽	適量
黑胡椒粉	適量
乾燥百里香	¼ 小匙
新鮮巴西里葉	10g

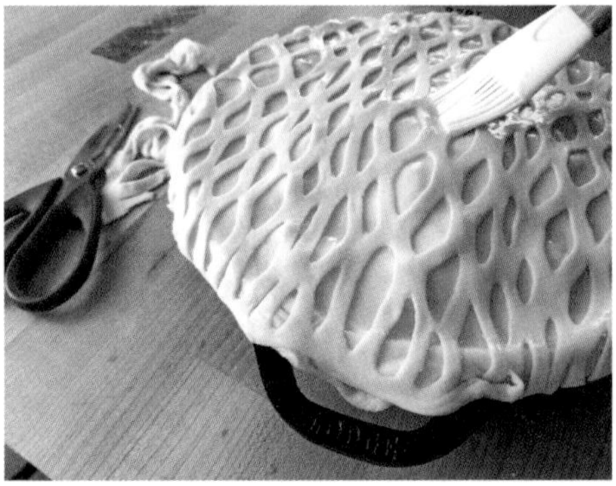

作法

1 **製作白醬**：在鍋內放入奶油，加熱溶化，並撒入麵粉，以中火拌炒，直到麵粉與奶油充分融合。接著，分多次加入高湯，並一邊攪拌；每次都必須等湯汁完全被吸收，再接續加入高湯。待高湯完全加入、並煮開醬汁後，將鮮奶一次倒入，加熱至稍微滾沸就立刻關火，並持續攪拌幾下，以防止鍋底沾黏。

2 將胡蘿蔔、芹菜、洋蔥，分別切小丁，備用。

3 煮一鍋滾水，倒入義大利麵煮熟，試吃無硬心狀態，即可撈出，備用。

4 取一湯鍋，在鍋內放入2大匙食用油，再放入蔬菜丁煸炒至熟軟，盛出，混合義大利麵與熟雞肉，備用。

5 將作法4雞肉義大利麵倒入作法1白醬內，並放入調味料，一起翻拌均勻，即完成內餡。

6 **處理派皮**：冷凍酥皮須置於室溫退冰後才可使用。取2張酥皮，其中一張酥皮保持完整，另一張酥皮，用刀尖在酥皮上畫出幾排虛線開口，相鄰的兩行開口處錯開，如此，酥皮拉開即可呈現漁網狀。

7 將作法5餡料放入深派盤內，頂部稍微壓平整。接著，先鋪一張完整的酥皮，於表面刷一層蛋液，再將另一張網狀酥皮拉開做出花樣，重疊鋪上；調整好酥皮形狀，並將烤盤周圍多餘麵皮割除，再將酥皮與烤盤邊緣的交疊處壓緊封口，於酥皮表面再刷一層蛋液。

8 烤箱預熱至攝氏200度，放入作法7派盤，烤30～40分鐘，至表面酥皮金黃，即可出爐。

料理提示

- 在烘烤過程中，若覺得表層上色太快，可降溫至攝氏190度，或是覆蓋錫箔紙以免焦糊。

Part 4

時序，春暖

除了老蘿蔔，
春天也是葉菜盛產的季節。
菜園裡各種白菜、芥菜，
無論是顏值或內在，
都在此時到達巔峰。

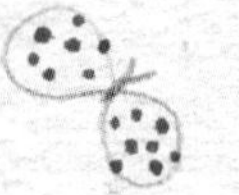

我喜歡撿拾野菜，
跟大自然交情深厚的人，
都能體會此舉最為時令。
這個季節的自家菜園裡滿地是寶，
每天光是忙著把出產變成好吃的，
就讓人忙得團團轉。

霜打蘿蔔最甜美

初春，當氣溫仍然寒冷，但日照已經漸漸變長。才降過幾次霜，這時候出土的自家蘿蔔，水嫩、清甜。

自家菜園從冬末開始出產蘿蔔，前後一直到來年春天。時令之初，拿來涼拌、鍋煮，冷熱皆宜。緊接著，產季中段塞入泡菜缸；產季末，則搶曬蘿蔔乾。

這是我在產季吃自家蘿蔔所遵循之時序。

吃蘿蔔尚有時序？

自家附近買不到亞洲蔬菜，蘿蔔的價格更是讓人瞠目結舌，唯一能固定供給的依賴只有自家的小菜園，這時就不得不明白，依時序規律地吃，才能把產季食材的效益最大化。

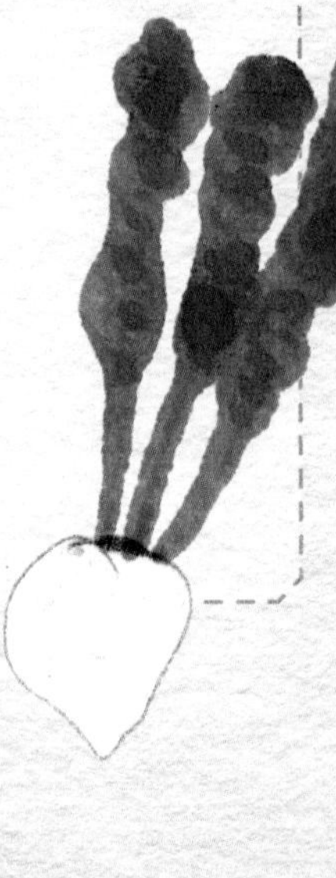

多年前，我就因幾次慘敗而學到，由於自家附近氣候的限制，許多蘿蔔品種不宜種植，尤其是亞洲料理常用的大白蘿蔔（大根）一類，成熟所需時日長，而我們這邊本就沒有適合種植這類大蘿蔔所需的穩定天候條件，產量差，品質不穩定，無法恆定供給整季所需，還不如不種。

自此，我就改育短小品種。

至今，除了已經培育了數代的「心裡美蘿蔔」，另有紅皮、圓白、青白色蘿蔔，在地種植表現都非常好，產量高、結球佳、水分多，不易開裂、空心、或提早抽苔開花。當然，如果氣候允許，這些蘿蔔品種都還能長得更大；不過，能養到地瓜大小，我就已經心滿意足了。

幾種蘿蔔在料理中完全可以取代大白蘿蔔的角色，供給自家整季蘿蔔需求。對於買蘿蔔非常不易的我們來說，這圃蘿蔔重要極了。

從拔出沾滿泥土的蘿蔔，到一鍋家常蘿蔔燉肉，連根帶葉從頭吃到尾，少數切除之處也養了肥堆，就連蒂頭都沒放過，重新插回土裡再生些蘿蔔葉繼續利用。

農作食材的正循環，順天自然，沒有比這更療癒心靈的美食。

蘿蔔燉肉是外婆家的味道。

小時候家裡飯桌上常常有這道，豬肉牛肉不一定，只要是跟蘿蔔一起燉煮，就特別清甜鮮美。

更多時候，外婆會把肉切成小丁，蘿蔔也切成小丁，還常常會有豆干和花生，外婆稱之為「澆子」，用濃濃的鄉音讀出來後，究竟是不是這兩個字，我不確定。倒是北方人的「滷」裡，有明顯的大料香氣（八角），加上最後撒上的香菜，就成了伴我長大的熟悉滋味。

我從來沒有真正跟外婆學過廚事，但不知為何，我自從進廚房做蘿蔔燉肉，也就是這個味道。

原來有些滋味不用學，因為早就刻在基因裡了。

蘿蔔燉牛肉

食材

牛肩肉／牛腩	2000g
蘿蔔	1000g
水	1200cc

香料包材料

八角	2粒
桂皮	1小段（約2g）
月桂葉	3片
草果	1粒
花椒	½小匙
多香豆	5粒

調味

薑	25g
大蔥	1支
乾辣椒	3g
黃冰糖	40g
紹興酒	2大匙
醬油	4大匙
海鹽	1～2小匙
香菜／蔥花	適量

作法

1 將牛肉切成3公分見方的大塊，放入熱水中燙煮出雜質泡沫，倒出洗淨；蘿蔔削去外皮，切成跟牛肉差不多大小的塊狀，備用。
2 香料包材料用水沖洗乾淨，放入棉紗袋或一次性茶袋，備用。
3 薑切片、大蔥切段備用。鍋內放少許油燒熱，先放入薑片煸炒出香氣，再依序放入乾辣椒及蔥段煸炒，接著倒入牛肉翻炒，煸乾水氣。
4 倒入適量清水淹沒過牛肉，放入香料包、黃冰糖、紹興酒、醬油，並放適量海鹽調味。
5 以大火將鍋內食材煮開，轉中小火燉煮約1.5小時，直到牛肉九分熟軟，倒入蘿蔔，再次以大火燒開食材，轉小火繼續燉煮約20分鐘，至蘿蔔熟透即可。
6 撈出香料包捨棄；盛出牛肉、蘿蔔後，依喜好撒些香菜或蔥花，即可趁熱享用。

料理提示

- 牛肉經過燉煮，肉塊會縮小很多，因此我會在備料時，刻意將生牛肉切得大塊一些。
- 雖說一年四季都能買得到蘿蔔，但硬種的蘿蔔不甜，高溫下種出來的蘿蔔很容易帶有苦澀味，還不如不吃。我情願依順農作物天然的時令，只在蘿蔔真正的產季端出這道料理，算是梅子家的季節限定吧。

辣子香菜拌蘿蔔

食材	
花生米	1杯
蘿蔔	1000g
海鹽	1大匙
香菜葉	50g

調味	
油潑辣子	適量（參見P.172）
海鹽	適量
白醋	1～2大匙
砂糖	1大匙
香油	適量
白胡椒粉	適量

作法

1 將鍋子燒熱，倒入少許油，再放入花生米炒至金黃酥脆，撈出，放涼備用。

2 將蘿蔔切成細絲，放1大匙海鹽抓拌，靜置半小時，等待出水。

3 出水後的蘿蔔擠乾多餘水分，與其餘材料一起拌勻，即可享用。

家常油潑辣子

嗜辣如命不在基因裡，是後天的。父親在眷村長大，跟著四川鄰居蹭飯，吃辣的功力了得。自小我們家餐桌上必備辣菜，因此我也跟著鍛鍊出愛吃辣的口舌。

比起購買現成的辣椒醬，我更喜歡自己做的油潑辣子。油潑辣子作法很多，而我們最家常的作法不複雜，就是用手邊現有的香料，搭配些院子裡的當季辛香作物，像是蔥、薑、香菜、紅辣椒等，放入油鍋裡慢慢煎熬出香氣，再取辣椒粉，熱油一潑，滿屋子噴香，用來拌麵、炒菜、涼拌，都很好吃。

食材

花生油	480cc（其他食用油皆可）
青蔥	60g
大蒜	40g
紅蔥頭	70g
香菜	30g
薑	50g
花椒粒	1小匙
青花椒粒	1大匙
新鮮紅辣椒	20g
粗磨辣椒粉	100g

調味

海鹽	適量

作法

1 取一個寬深鍋子（較方便操作），倒入花生油，燒熱至冒出細小泡泡；放入所有食材（辣椒粉除外），以中小火煸炸，直到食材炸乾，撈出捨棄，只留下熱油。

2 將辣椒粉放入大碗內，分次潑入作法1熱油，直至碗內食材平靜不再起泡滾沸，再以適量的海鹽調味，即成家常油潑辣子。靜置放涼後，裝入附蓋子的乾淨容器，於冰箱冷藏，可存放1個月左右。

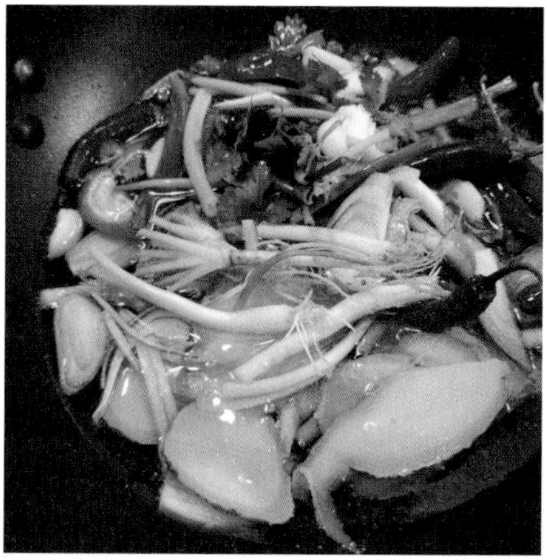

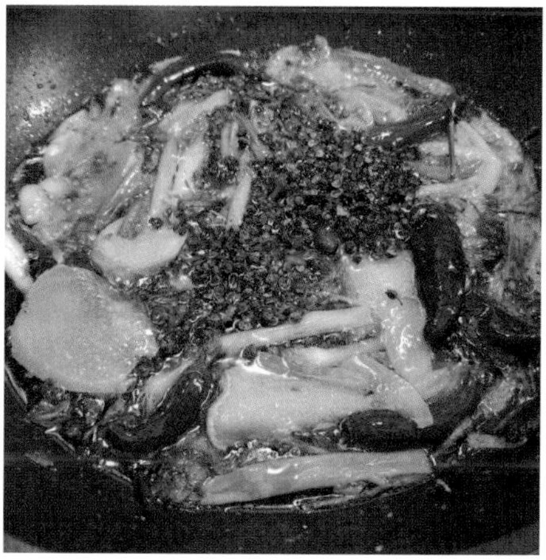

蘿蔔乾．鹽菜乾．梅乾菜

趁著初春天氣尚乾尚冷，曬得一筐蘿蔔乾，之後用醬油、糖、麻油、蒜頭、辣椒略煮，再醃漬幾週，開封賞味，香辣爽脆，在嘴裡的渾厚濃郁，非市售品可以比擬。

我偏愛老蘿蔔曬出的蘿蔔乾，咀嚼時的咔嘣聲響，清脆得震耳。

有些食譜強調要挑選嫩蘿蔔來做蘿蔔乾，每每讀到此，心裡總是納悶，真切地記得老輩說過，蘿蔔乾要用「老蘿蔔」來製作……自己種過蘿蔔方能懂得，產季最鮮嫩的水蘿蔔都是要用來蒸煮燒燉。蘿蔔尚且清甜軟嫩、入口即化時，又怎會捨得拿它來曬成蘿蔔乾呢？

嫩蘿蔔除了出水還是出水，做蘿蔔乾實在不符合經濟效益。只有在地裡待久了，來不及吃、有點出筋的老蘿蔔，才會被接續曬乾儲存起來；再說，也只有老蘿蔔曬出的蘿蔔乾，才有那令人滿足的爽脆厚實感。

我想，料理思維要能夠融合與順應萬物天道，才更為合理。

人要是離開食物的源頭久了，飲食也會漸漸變得不明就裡。而我仍願意相信自然循環的食理；食的學問，還是要從季節與土壤中找尋答案。

除了老蘿蔔，春天也是葉菜盛產的季節。菜園裡各種白菜、芥菜，無論是顏值或內在，都在此時到達巔峰。一般上市場買菜，大概不會有蔬果吃不完的困擾，但若是自耕，這卻是年年需要處理的課題。

產季，蔬菜們成熟的速度是不留情面的，完全不顧你是否來得及消耗。這時候或發酵，或鹽漬，或晾曬乾燥，常常是出於一種危機處理式的反射，毫無浪漫可言。

然而，我深知豐收的季節轉瞬即逝，為了在菜園毫無出產的月份也能吃到自家蔬菜，就算是攤晾鹽菜耗費時日，我也甘之如飴。

每天早晨第一件事，便是將鹽漬出水的蔬菜從冰箱取出，仔細平鋪在盤上，拿到平日很少用的大餐桌上攤晾；晚上睡前，再將晾了一整天的鹽菜收回冰箱。如此反覆攤晾、收回鹽菜，直到合適的乾燥程度，便裝罐冷藏。

整個季節，日復一日，不同的蔬菜，鹽漬脫水、攤晾、收回，無限重複，變成作息。

到了春季的尾聲，菜圃裡開始悄悄地抽苔、開花的日子，冰箱裡已經堆滿了裝著蘿蔔乾、鹽菜乾的瓶罐。接著進入酷熱的夏季，能依靠的自家蔬菜，就只有這些瓶罐裡的法寶了。

蘿蔔乾、鹽菜乾製作

「乾」和「冷」是食物風乾時的好朋友；如果天氣許可，我情願把鹽漬脫水後的蘿蔔、蔬菜等攤在竹筐上，用最淳樸的陽光，自然曬出菜乾。

然而，春季多風沙、天公也不會日日配合，為了可以不受限於環境，我用手邊最方便的器材變通——烤箱、食品烘乾機，有時也利用炒菜鍋來幫助蔬菜脫水，再於室內攤晾風乾。外面日頭好的時候，就趕緊將菜乾們攤開晾曬半日，趁機沾點陽光的氣味。

第1步　鹽漬出水

*無論是蘿蔔乾或鹽菜乾，製作方式都很類似。這裡介紹我平日最順手的作法。以蘿蔔為例，我大概拿捏每1公斤蘿蔔（或其他蔬菜），搭配2～3大匙海鹽；蘿蔔洗淨後，切粗條，撒鹽，漬出水分，大約半天左右，再用力擠乾水分。

*在此，鹽和菜的比例沒有絕對。為了讓蔬菜出水，傳統的作法會使用大量的鹽巴，鹽漬出水後，擠乾再漬，反覆數次。由於我接續利用烤箱來處理最初的脫水工序，縮短乾燥時程，降低霉變機率，所以比起

傳統方式製作的成品，梅子家自製的蘿蔔乾或鹽菜乾所需鹽度較低，吃起來也較為甘甜。

第2步 **烤箱烘乾**

＊將擠乾水分的蘿蔔或蔬菜放在烤盤上攤開；接著，將烤箱盡可能設定在最低溫度，約攝氏80～93度，再放入蘿蔔烘烤，大約1～2小時，便可聞到蔬菜香氣，期間可以不時取出烤盤、翻動蔬菜，使其均勻受熱脫水。

＊如前面提到，使用食品烘乾機，或用炒菜鍋以小火翻炒脫水，都是可行的方式。只要多餘的水氣完全烘乾、蔬菜表面呈乾燥狀，即可取出冷卻，進入攤晾的階段。

第3步 攤晾風乾

＊將已經部分脫水的蘿蔔或蔬菜放在網架上攤開；如果沒有網架，直接平鋪於籮筐或是大烤盤上也可以。

＊在陽台或室內找個乾燥通風的角落，放著就好，不用特別照顧。晚間將蔬菜們收回冰箱冷藏，第二天再重新鋪平攤晾。如此重複數日，直到蘿蔔或蔬菜達到理想乾燥狀態為止。

第4步 曬曬太陽

＊並非天天都有太陽可以曬蘿蔔乾，長期放置室外，也難避免灰沙或是動物汙染。為能持續製作蘿蔔乾與鹽菜乾，不受天氣干擾，我盡量於室內進行大部分的風乾過程，最後再把即將完工的蔬菜們於陽光下攤曬半日，使其全然乾透，並沾染陽光的氣味。完成後，即可裝罐，讓蘿蔔乾與鹽菜乾在罐內繼續熟成，越陳越香。

*這類食品並非百分百脫水，成品仍略帶有濕度，並且熟成發酵的過程中，微生物仍會繼續產出水分。因此，偶爾可將蘿蔔乾與鹽菜乾倒出平鋪於籮筐上，拿去曬曬太陽，再收回罐內保存。利用陽光紫外線的天然殺菌功能，可避免食材返潮造成變質，以利長期保存，並進一步脫水，增添熟成風味。

香辣醬漬蘿蔔乾

食材

蘿蔔乾　200g
薑片　10g
蒜瓣　15g
乾辣椒　5g

調味

麻油　1大匙
醬油　60g
水　1杯
黃冰糖　60g
海鹽　少量（可省略）

作法

1 將蘿蔔乾泡水洗去多餘鹽分，沖洗乾淨後，擠乾水分備用。
2 取一炒鍋，倒入麻油，以小火加熱；放入薑片，煸炸至周圍捲曲，香味釋出；再放入蒜瓣、乾辣椒、醬油、水及黃冰糖煮滾。接著，倒入蘿蔔乾，以大火煮滾後，轉小火，加蓋熬煮5分鐘。起鍋前，嚐嚐漬汁味道，如果覺得鹹度不夠，可依自家口味添加適量海鹽。
3 關火，靜置冷卻後，即可裝罐密封，冷藏浸泡入味。於冰箱冷藏可保存一個月。

料理提示

- 鹽的用量，視蘿蔔乾本身鹹度及各家口味鹹淡不同而定。若自家蘿蔔乾比較不鹹，鹽度低，或許醬漬時就需要添鹽加味。
- 醃蘿蔔乾本來就屬於漬物小菜，調味如果太寡淡，風味也不好。自製蘿蔔乾沒有多餘的添加物，已符合天然健康原則，建議在調味上不要太嚴苛，若口味需要，添加少許味精也無妨。

梅乾菜製作

梅乾菜的製作與蘿蔔乾、鹽菜乾相較之下，並無太大的不同，只不過原料是已經發酵好的酸菜，經過同樣程序攤晾、脫水成為鹹菜乾，最後裝罐熟成，直到起白霜，即成梅乾菜。

梅乾菜是芥菜脫水到最乾的狀態，對於所用之酸菜厚實與否不須太講究，因此在收成時，我會將大株完整的酸菜留下來直接料理，小株的酸菜及零散葉片則挑出來繼續製作梅乾菜。

酸菜經過很長的發酵時間，是一種天然抗菌的過程，因此若是室內溫度涼爽乾燥，我會跳過烤箱的步驟，直接平鋪攤晾，夜間再收回冷藏，如此重複，直到整體水分脫盡。

在攤晾的過程中，薄薄的葉尖脫水速度比有厚度的菜梗要快很多，為了

避免葉片脫水速度太快而乾硬，可以把幾株葉片尖端合擰成扭結，增加厚度，使整體風乾速度較為一致。

酸菜脫水風乾就是老鹹菜（也叫福菜），這時已經有梅乾菜的香味，可直接拿來燉肉炒菜；若是裝罐繼續熟成，表面產生白霜狀結晶，香氣就會更濃郁渾厚。

從老鹹菜變成真正的梅乾菜，整個過程要好幾個月以上。為了能夠吃到自家的梅乾菜，每年酸菜一定要多做多醃，否則根本來不及等到變成梅乾菜就吃光了。

說到底，從酸菜進化到梅乾菜的過程，最難的步驟是等待，最貴的材料是光陰；印證了，這世間真正的美味，都是用時間換來的。

梅乾菜燒餅

燒餅的種類及作法有很多，如同其他許多麵食一樣。這裡介紹的是發麵燒餅，外皮酥脆、內裡豐滿有層次，是梅子家最喜愛的口感。燒餅的內餡也有很多種類，依照我一貫的料理邏輯，手邊有什麼食材就做什麼菜；剛好有梅乾菜的時候，出爐梅乾菜燒餅，也就是順意隨喜的剛好而已。

食材

發酵麵團材料

即溶乾酵母粉	1小匙
水	180cc
中筋麵粉	200g
低筋麵粉	100g
海鹽	¼小匙
砂糖	1大匙
植物油	20g

油酥麵團材料

低筋麵粉	150g
豬油	75g

（豬油起酥效果佳，也可用奶油或植物油替換）

內餡材料

梅乾菜	70g（參見P.186）
白胡椒粉	適量
砂糖	1小匙

作法

1 **製作發酵麵團**：將乾酵母粉與清水攪拌混合，靜置一會兒，待酵母溶化。接著，將中、低筋麵粉與鹽、糖混合，倒入酵母液，用筷子攪拌成絮狀；待水分完全吸收，再倒入植物油繼續攪拌幾下，然後揉搓成團，直到形成不黏手的麵團，加蓋，於室溫下鬆弛發酵約30分鐘。

2 **製作油酥麵團**：將材料混合，揉搓成團，放入冰箱備用。

3 **製作內餡**：將梅乾菜泡水洗淨，擠乾水分，切碎，與白胡椒粉及砂糖拌勻備用。

4 取發酵好的發麵麵團，分割成10等份，整形並揉成圓球狀；油酥麵團同樣分成10等份，揉成圓球狀。每份發麵麵團皆比油酥麵團稍大一些。

5 依序壓扁發麵麵團，中心包入一份油酥麵團，像包子一樣封口，捏緊，再次整理成圓形。重複同樣動作直到麵團全部包完，依製作先後順序排列擺放。接著，用棉布蓋起，靜置10分鐘鬆弛麵筋，再進行擀折開酥的步驟。

6 在檯面上抹一點油以防沾黏，從第一份鬆弛好的麵團開始操作，輕輕壓扁，擀成長條，縱向的兩端往中間像疊棉被一樣3等份折起。將麵團旋轉90度，再次用手輕壓，然後擀成長條，再次3等份折起。重複上述步驟直到所有麵團全都擀折開酥，蓋棉布鬆弛10分鐘，再進行包餡。

7 將麵團壓扁，中間放些梅乾菜餡料，拉著麵團邊緣包起餡料，捏緊封口後，翻轉過來，使封口處朝下，再用擀麵棍擀成橢圓形的牛舌狀，依此操作所有麵團。

8 取一平盤，鋪上白芝麻，將擀好的餅胚表面刷一層清水；刷水面朝下放進盤內，用手輕壓，使芝麻沾黏於麵團上，再放置於烤盤上。

9 將所有餅胚黏好芝麻後，再用棉布蓋起，做最後發酵，約30分鐘～1小時（依烘焙時室內溫度高低調整發酵時間）。烤箱預熱至攝氏200度，將餅胚送入烤箱，烘烤約15～18分鐘，直到燒餅鼓起，表面金黃酥香，即可出爐享用。

料理提示

- 若在冬季氣溫較低時製作發酵麵團，最好選擇於無風、較溫暖處發酵，例如櫥櫃、烤箱或微波爐中。
- 開酥的過程中，每個步驟之間都必須讓麵團靜置鬆弛，之後再繼續下一步驟，如此麵團才能延展均勻，烘焙時也不容易爆裂。
- 除了梅乾菜，餅胚也可以包入不同內餡，製成不同口味的燒餅。梅子家常做的「簡易321芝麻糖餡」：砂糖、黑芝麻粉、中筋麵粉，以3（匙）：2（匙）：1（匙）比例混合，外加一小撮海鹽拌勻，即完成。

他鄉遇雪菜

我常說，梅子家的雪菜肉絲麵得之不易。不易之處在雪菜，因為用的是「自家種的雪裡蕻」。

清康熙年間編撰之《廣群芳譜・蔬譜五・野菜籤》：「四明有菜名雪裡蕻，雪深諸菜凍損，此菜獨青。」

「雪裡蕻」是一種蔬菜品名，而非料理手法。它屬於芥菜的一種，葉片呈鋸齒羽狀深裂，耐寒，有特殊嗆辣香氣，鹽漬後清香撲鼻。

在冬季氣候較冷的北方，過冬的雪菜葉片會因低溫而變成紫紅，故亦俗稱「雪裡紅」。

有幾年南加州冬季特別冷，我曾於自家菜園見過雪裡蕻的紅葉，但多半整個冬季都維持青綠樣貌。也因此，多數人弄不清雪裡紅的「紅」字從何而來，更誤認「鹽漬葉菜」的料理手法就是雪裡紅。

許多地區無法種植真正的雪菜，便用同屬十字花科的其他蔬菜鹽漬代

替，雖然神似，卻少了雪菜的獨特香氣，總感覺有點遺憾。

我們所住之處當然無法購得雪菜，多年來也早斷了這個念頭。幾年前，在美國園藝行買了一包綜合沙拉菜籽（Mesclun Greens），裡面是各種菜籽的混合，我卻偏偏喜歡把種出來的菜葉分開研究。一嚐之下，居然發現其中一種鋸齒狀葉片的芥菜，就是我心心念念的雪裡蕻！

於是耐心等候了一季，待其開花結籽，採集了一袋雪菜籽，才總算吃到自家的雪裡蕻。

鹽漬後切碎，炒肉末、辣椒放得毫不手軟。囫圇一大碗雪菜肉絲麵，簡單樸實，卻是我懷念的味道。那撲鼻的雪菜香氣，讓人覺得好幸福，一點也沒有身在他鄉的感覺。

雪菜製作

剛從地裡採收的新鮮雪裡蕻十分有趣，大太陽下剪下幾株，葉片很快就蔫塌了，但只要拿進屋裡泡進水槽，葉片馬上又會直挺挺地全體起立。

這種植物式的執拗，對插花素材來說是件好事，然而，對於最終需要脫水的鹽漬蔬菜來說，卻是個麻煩。因此，我通常會於泡洗除淨塵土後，再次

將雪裡蕻攤開、晾乾至有點乾癟塌陷，大概一整天的時間，再來進行鹽漬的工序。

醃雪菜，比起蘿蔔乾、鹽菜乾、梅乾菜等簡單很多。洗淨晾乾的雪裡蕻，稍作整理，將莖葉泛黃或老化的部分切除（摘除），撒鹽後，反覆搓揉、出水，擠乾水分，再撒鹽、搓揉，然後密封起來，放進冰箱鹽漬一日以上，大概就可用來料理了。話雖如此，但我覺得鹽漬一星期後的雪菜味道更好，芥菜的辛辣味已盡數脫去，留下的是雪菜獨特的清香味，濃郁、繚繞。

鹽漬雪菜，我從不多做，反正菜園裡雪裡蕻盛產的季節，每隔幾日便能收一批菜葉，漬成雪裡蕻，隨做隨用，做一次就夠吃幾天，一直到天氣開始熱起來，再大批採收，一次漬完，可以冷凍保存，也可以繼續做成雪裡蕻鹽菜乾。

鹽漬好的雪菜，是少數幾種適合冷凍保存的蔬菜製品。雪裡蕻長在地裡時就耐寒，脫水後，更能承受得住冷凍庫的寒氣。記得我們剛搬來美國那時，亞洲超市買到的進口袋裝雪菜都是冷凍過的。三十年前，在異國他鄉能買到袋裝雪菜就令人激動萬分，那曾是遊子們復刻熟悉滋味的唯一途徑。不過，自從種出自家雪裡蕻，難免就對市售的包裝雪菜不屑一顧了，不禁要嘆人類味覺的進化果然是「駟馬難追」啊！

雪菜肉絲炒剪刀麵

食材

肉絲	400g
剪刀麵	適量（參見P.198）
鹽漬雪菜（切碎）	約2杯
紅辣椒	適量（可省略）
薑末	1小匙
蒜末	1大匙
水	適量

醃料

醬油	1大匙
太白粉	1大匙
白胡椒粉	適量
食用油	1大匙

調味

砂糖	2小匙
醬油	2大匙
白胡椒粉	適量
香油	適量

作法

1 將肉絲（豬、雞、牛皆可）混合醃料抓拌均勻，醃漬半天。鍋中煮水至微滾，放入肉絲汆燙一下，變色就馬上撈出，瀝乾水分備用。

2 另煮一鍋滾水，將剪刀麵煮至熟透浮起，撈出後，放入冷水降溫、避免沾黏，瀝乾水分備用。

3 在鍋內放少許油加熱，放入雪菜翻炒至乾鬆、香氣釋出，再放入辣椒、薑末、蒜末翻炒。

4 加入剪刀麵，倒入適量清水，加蓋，燜煮約1分鐘。接著，放入肉絲，再加砂糖、醬油、白胡椒粉調味，以大火翻炒均勻，直到湯汁收乾；起鍋前，淋少許香油，即可盛盤享用。

不費力的剪刀麵作法

據說剪刀麵源自中國山西太原，相傳為李世民尚未當皇帝時，其夫人長孫氏某日情急之下發明的麵點；因製麵工具用剪刀而得名，又因剪出的麵條呈魚形，猶如吳淞江水中的銀魚，亦名「剪魚子」，不僅民間喜食，還成為歷代御麵。

相較於刀削麵，剪刀麵的技巧簡單許多，利用剪刀代替削刀，製作出類似刀削麵般厚薄不一、口感有層次的麵條，更適合在家親手實做。

手工麵條好吃，但揉麵費力。我無意間在製作麵包時體會了麵團「冷藏出筋」的小技巧，轉而應用在製麵的工序上，讓手工麵條的製作變得簡單。

製作剪刀麵，不需要壓麵機，也不用揉麵團揉到爆青筋，只要一個大麵盆和一副筷子，用簡單「推擠拉整」的動作，就可以製作出滑溜、勁道、有嚼頭的麵條。雖然冷藏發酵需要花些時間，但優點是可以利用生活中的零散時間，事先製作好麵團，存放於冰箱中，要用的時候取出直接製麵，方便又快速。

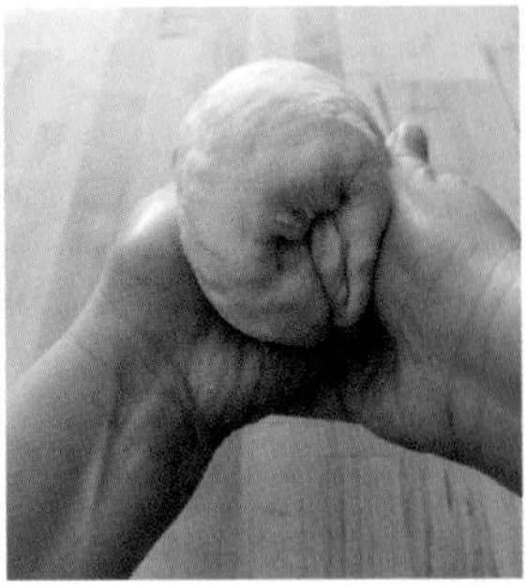

食材（3～4人份）

中筋麵粉	300g
海鹽	1小匙
冷水	150cc＋30cc（備用）

作法

製作麵團

1 在盆中放入麵粉和海鹽混合均勻，緩緩加入冷水，一邊用筷子攪拌，讓麵粉吸水呈棉絮狀。

2 利用盆壁和手將麵團壓合在一起；如果太乾燥沒辦法成團，再加入一些預留的冷水，直到麵團可以結合為止。

3 將麵團稍微揉搓，只要麵團不沾盆、不黏手、略微濕潤即可，不需要光滑，也不需要多揉搓，表面凹凸不平也沒關係。

冷藏鬆弛

1 將麵團用保鮮盒盛裝，放入冰箱冷藏1小時。冷藏完成後，取出麵團，此時麵團變得比較濕軟，用手稍微拉整一下（參見P.201），麵團的延展性已產生，將它收成圓球狀，便可見麵團表面變得光滑。接著，將麵團再次放回保鮮盒內，放入冰箱冷藏1小時。

2 第二次將麵團取出，麵團的延展性更好了，此時拉扯麵團，表面變得更加光滑。再次將麵團輕輕拉整、並收成圓球狀，放回冰箱鬆弛30分鐘後便可使用，或可冷藏存放約2天。

 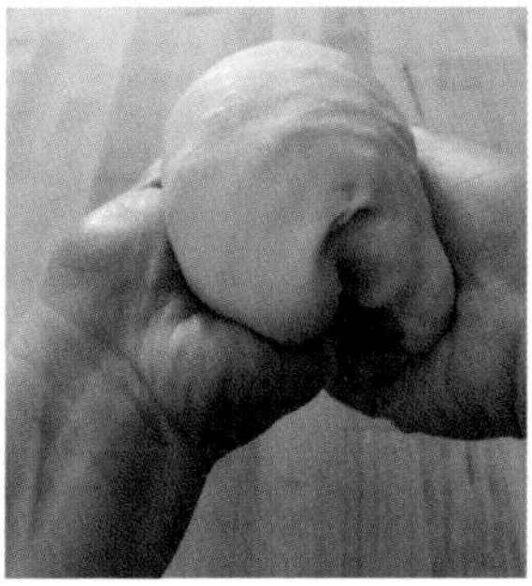 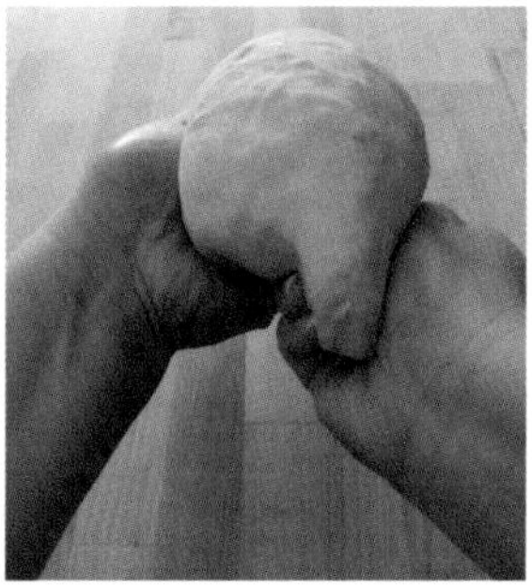

拉整方式

1 雙手抓住麵團的周圍，輕輕地朝底部拗折，轉一邊再拗折，2～3次之後，就可看到麵團表面開始變光滑……這個動作不須做太多次，感覺到麵團有點緊繃、拉不動時就停止，然後在底部收口即可。
2 將麵團放回冰箱繼續冷藏，1小時後再取出重複拉整的動作。

剪麵方式

1 製麵前，從冰箱取出麵團，於室溫靜置半小時使之回溫。用手將圓球狀的麵團推擠成上端尖尖的錐狀。
2 拿出乾淨鋒利的廚房用剪刀，由底邊朝上頭尖端、縱向地剪出長條狀麵條；轉動麵團錐體，沿著前一次剪過的位置，剪出下一條；過程中，拉整麵團稍作整理，然後重複相同動作一圈一圈地剪下去，直到麵團用完。
3 麵團的粗細長短可自行調整：錐狀麵團高瘦、麵條就比較長，反之則短；剪的時候下刀深、麵條就粗，反之則細，可依自家喜好調整。

料理提示

● 以此方式製作的麵條，口感和彈性已經非常好了，如果要更加強口感，可增加冷藏及拉整次數；如果能讓麵團冷藏過夜，第二天再使用，口感會更佳！

「春季野菜」

我喜歡撿拾野菜，跟大自然交情深厚的人都能體會此舉最為時令。

每年入春，只見我時常追在園丁後頭叮嚀：「拜託你，不要除草！」我家這位墨西哥裔的園丁英語說得少少，但很勤勞，以為我怕他辛苦，也擔心拿了酬勞後看起來不夠努力而丟了工作，每週上工總還是東挖西挖，因此，昨天才見到的雜草，今天出去就找不到了。

有一次我終於憋不住，拉著他逛花園，一邊說：「這些、還有這些Weeds（雜草）」，我比劃著，盡量用簡單的英語表達，「我吃它們，Very Delicious（很好吃）！」

他瞪大眼睛看著我，一臉詫異。

「拜託你，不要除草，我要吃……」說完，我感到一陣羞赧。他一定在想「這個瘋狂的亞洲女人」。

但事實就是，自從懂得採集食用野菜，便恨不得院子裡能多長些所謂

的「雜草」出來；像他這般除草，豈不就不夠吃了。

這個季節的自家菜園裡滿地是寶，每天光是忙著把出產的花蔬野菜變成好吃的，就讓人忙得團團轉。

目前小伊甸園裡有十幾種我確認的可食野菜及花卉，蒲公英、車前、鼠麴、石竹、馬齒莧、灰藜、矢車菊、月見、玫瑰，加上各種香草及其花朵等；這些野菜花卉總能適時地添補我家餐桌，亦食亦藥，不亦樂乎。

蒲公英
檸檬斯康

春季，每日晨起後，在院子裡收幾朵蒲公英已經成為習慣。將它洗淨晾乾後，摘下花瓣（去除花萼），用密封容器裝好後冷藏；收集幾日，便得一大盤，淡淡的蜂蜜與菊花香氣，用於各色點心或烘焙中，都增色添香。

食材（8份斯康）

蒲公英花瓣	適量	海鹽	⅛小匙
黃／青檸檬皮屑	適量	冰奶油（無鹽）	70g
中筋麵粉	250g	酸奶油	120cc
低筋麵粉	50g	鮮奶油／全脂牛奶	120cc
砂糖	50g	檸檬汁	1大匙
無鋁泡打粉	1大匙	雞蛋	1個
小蘇打粉	¼小匙	粗糖粒（裝飾用）	適量

作法

1 將蒲公英花朵洗淨，晾乾，從花萼上摘取花瓣備用。另將檸檬磨下外皮（皮屑備用），接著切開，並擠出檸檬汁備用。

2 取一大盆，放入中筋麵粉、低筋麵粉、砂糖、泡打粉、小蘇打粉及海鹽等乾料，充分攪拌混合。

3 將冰奶油切成小丁，用切拌的方式，壓入作法2粉類食材中混合，與粉結合呈粗顆粒狀。

4 將酸奶油、鮮奶油、檸檬汁、雞蛋混合均勻後，倒入作法3麵粉中，再將蒲公英花瓣及檸檬皮屑倒入，輕輕拌勻，使麵團呈現鬆散、但用手輕壓會捏合成團的狀態。

5 將麵團倒出在桌面上，不要揉搓，直接用刮板壓合散落麵團，整理成方形，並壓實整形使其平整，再分切成8等份小方塊，放在鋪有烘焙紙的烤盤上。

6 在斯康餅胚上刷薄薄一層鮮奶油，再撒一些粗糖粒裝飾。

7 將烤箱預熱至攝氏190度，放入斯康餅胚烤焙約18～22分鐘，直至表面略微金黃，即可出爐，趁溫熱享用。

料理提示

● 若不習慣蒲公英的香氣，可以茶用玫瑰、桂花或薰衣草等取代。

蒔蘿豬肉水餃

梅子家菜園裡的蒔蘿，全是母株開花撒籽後自生自來，每年都無須種植，季節一到，便從石縫、菜圃邊上竄出整片蒔蘿幼芽，拔都拔不完。我們喜愛蒔蘿別緻的香氣，帶點異域風情；產量多的時候會當成蔬菜食用，更常用來包水餃，搭配豬、牛、羊肉都很適合。

食材（約60顆水餃）

新鮮蒔蘿葉	80g
青蔥	25g
薑	15g
水	200cc
豬肉（8分肥2分瘦）	600g
蝦仁（剁粗粒）	300g
水餃皮	60片（參見P.210）

調味

醬油	2大匙
食用油	2大匙
砂糖	1小匙
米酒	1大匙
海鹽	適量
五香粉	適量
白胡椒粉	適量

作法

1. 剝下新鮮蒔蘿羽狀葉片，洗淨，切碎備用。另將蔥、薑切成小段，於水中浸泡至少1小時，泡出蔥、薑的香氣。接著，擠出蔥、薑內汁水備用，捨棄殘渣。
2. 將豬肉與剁碎的蝦仁混合，再分幾次倒入蔥薑水，用力攪拌至起筋性，直到水分完全吸收，使肉餡軟嫩多汁。
3. 放入切碎的蒔蘿，並依自家喜好增減使用調味料；攪拌混合後，放入冰箱冷藏至少1小時後再使用。取出後，搭配手擀水餃皮包成水餃。

料理提示

- 我使用手擀水餃皮，彈性佳，可包入較多餡料而不破皮。若使用機器製作的水餃皮，為防破皮，每顆水餃所包的餡料必須減少，因此，等量餡料大約可多做20顆水餃，記得多備些水餃皮才好。
- 若不習慣蒔蘿的香氣，可用芹菜、巴西里、香菜或胡蘿蔔葉取代。

手擀水餃皮

一般在美國市場買餛飩皮很容易，但水餃皮卻幾乎無法購得，因此，我從很久之前就有水餃皮必須手擀的覺悟。原是不得已而為之，而後做習慣了，也不至於太麻煩。再說，手擀皮彈性佳、口感好，如今反而吃不慣市售的機器餃皮，寧願花點時間捲袖自製。

食材（約 60 片水餃皮）

中筋麵粉	600g
海鹽	½ 小匙
水	300cc＋30cc（備用）

作法

1 將麵粉和鹽均勻混合，再緩緩倒入清水，一邊用筷子（或叉子）攪拌，直到麵粉吸收水分呈絮狀，再用手揉壓成團，直到不黏手。若感到麵團乾燥難揉，可再加入少量清水調整。
2 將麵盆加蓋，鬆弛麵團30分鐘，再將麵團揉至光滑。
3 將麵團分切成60個一樣大的小塊，用手壓扁，再以擀麵棍擀成一個個圓片，即完成水餃皮。

料理提示

● 製作水餃皮的過程中，必須將多餘麵團或是做好的水餃皮用棉布蓋起來，以防止乾裂。

五花養生甜粥

我常在院子裡隨手撿拾可食野菜花卉，沒有固定品種，完全看上天即興賜予；採集到幾種合適的花卉就拿來熬糯米粥，有時也放些果乾堅果，端看當日心情。

除了幾款大家熟知的可食用花卉，這裡還使用了野灰藜的花穗。野灰藜，是一種帶有菠菜味道的野草；這種野菜在美洲分布很廣，自早期印第安文化的飲食中，就懂得使用灰藜這種野生植物作為蔬菜及穀物。春季是野灰藜開花的時節，細碎成串的花穗和種籽極富營養價值，類似市面上常見的藜麥，富含植物性蛋白質及維生素，因此每年野灰藜茂盛的季節，我必多加利用。

食材（約 60 顆水餃）

圓糯米	1杯
枸杞或葡萄乾	1大匙
水	6杯

搭配食材

野灰藜花穗	適量（約¼杯）
新鮮玫瑰花瓣	適量
新鮮蒲公英花瓣	適量
新鮮矢車菊花瓣	適量
新鮮石竹花瓣	適量

調味

砂糖	適量

作法

1 摘下野灰藜頂端花穗，洗淨備用。
2 取一深鍋，將糯米洗淨，連同野灰藜花穗一起放入鍋中，加入清水，以大火煮開，之後轉小火熬煮，直到米粒熟軟，約半小時。
3 放入各種花瓣，加糖調味，攪勻後關火，趁溫熱享用。

料理提示

- 我通常依當季產出的花卉野菜隨性搭配，其他氣味清淡的食用花卉，例如新鮮桂花、玫瑰花瓣、辛夷花瓣、桃花瓣、櫻花瓣等，都可隨性搭配使用。請留意，有些花卉中心略帶苦味（例如桃花），建議摘取花瓣使用就好，避免「吃苦」。

櫛瓜花舒芙蕾烘蛋

我的料理脈絡多半源於自耕。比如春末瓜藤剛開始含苞之時，常常掛了滿藤的雌花，卻不見雄花。沒有男士參加聚會，雌花無法授粉，花萼底部的小瓜不會膨大，之後自然萎縮凋零。為了珍惜上天的賜予，便見機採摘，用以料理，也同時刺激植物繼續開花，人與瓜相互受益。

食材

帶花櫛瓜	2個
雞蛋	2～3個
砂糖	½小匙
白醋	數滴
帕梅善起司	1大匙
海鹽	適量
白胡椒粉	適量
無鹽奶油	15g

搭配食材

酸奶油	適量
蒲公英花瓣	適量
蝦夷蔥花	適量
檸檬皮屑	適量

作法

1 將帶花櫛瓜洗淨、擦乾水分後，對切成適當大小備用。
2 將蛋黃、蛋白分開，各自放在不同的容器內。
3 打發蛋白至粗泡階段，再放入砂糖和幾滴白醋，繼續打發至泡沫細緻，蛋白霜挺立。
4 將蛋黃與起司、鹽、白胡椒粉一起攪拌均勻，再倒入作法3蛋白霜，兩者輕輕混合，避免消泡。
5 取一平底鍋，以大火燒熱，放入奶油溶化，再放入櫛瓜花；接著，輕輕倒入作法4蛋糊，並用刮刀刮平表面，然後調整至中小火，加蓋，以慢火烘烤底層，約2～3分鐘，等待定型。
6 開蓋，將定型的歐姆蛋從中間折半，加蓋，維持中小火再烘約1分鐘，即可盛盤；搭配酸奶油與新鮮綜合香草花卉、檸檬皮屑，趁熱享用。

料理提示

- 打發蛋白時，添加砂糖，可以增加蛋白黏性；而白醋則可去腥，並增加發泡之穩定度。由於加入份量不多，最後成品不甜，也不酸，無須擔心影響風味。

美味推薦

- 如果手邊有些當季可食用的新鮮香草或蔬菜花卉，不妨拿來搭配料理，增色添香，種類無須拘泥。像是這裡使用的蒲公英花瓣、蝦夷蔥花，或是細磨的檸檬皮屑等，都是手邊剛好備有，或隨手自庭院採集而來的食材。除此之外，香菜、巴西里、九層塔、青蔥等，也很適合搭配料理使用。

Part 5 時序，入夏

九層塔和檸檬草，
都是我心目中夏天的味道。
思念家鄉的時候，
都是靠幾叢九層塔，
烹調出心心念念的料理。

春末入夏，這是一個很奇特的季節。
一邊要應付漸熱、越來越像夏季的氣溫；
另一方面，
菜園豐富的出產到這時節已進入轟炸模式，
每天跟來不及吃
就轉眼老化的蔬菜們競賽……

檸檬草與九層塔很夏天

許多料理靈感並非刻意，常常是聞著手邊所採摘的香草，不自覺就從天外飛來一筆。就像現在，九層塔混雜著檸檬草的氣味，使得我邊忙著採收紅艷的辣椒，腦海中同時浮現出南洋料理的滋味。

美國市場有販售羅勒，但亞洲常用的九層塔卻很難買到。偏偏這兩者的英語名稱都叫Basil，在美國購買種籽分不出誰是誰，必須等種出來後，吃了才見分曉。因此，我前後種過許多不同品種的Basil，多到菜園各處都有Basil，等大夥兒都長出來的時候，我自己卻忘了是哪位。直到有一季偶然冒出幾株，香氣像極台灣常用的九層塔，讓我站在菜園裡就想起了炒蜆仔和鹽酥雞，立即果斷地留下種籽。因為種籽的原始包裝找不著了，留下的種籽是什麼品種也無可考，於是在標籤上，我寫下了「Very Good Basil」幾個字。

自此，這Very Good Basil便成為我家菜園的固定住戶。經過多年多代的栽植，留籽，分栽，已經從原本的一兩株，到滿園十幾株，每年夏天長成合抱之木，隔年自來。它們究竟是不是地道的九層塔，我無從考證，只知道用

來做台菜非常夠味，做泰菜或越菜也夠刺激。無數次嘴巴思念家鄉的時候，都是靠這幾叢九層塔，烹調出心心念念的料理。

九層塔和檸檬草，都是我心目中夏天的味道。

檸檬草也叫香茅，東南亞料理中少不得它。

某年底，在九層塔隔壁添了一株小小的檸檬草，一整個冬天都沒什麼進展，卻在夏初隨著天氣變熱，一眨眼，變成了半人高的巨大草叢。單單拿來料理，根本用不了多少，繁茂的植株遮擋住九層塔的日照，著實令我困擾，於是狠下心來修剪掉大半棵。

握著一大束的新鮮檸檬草，直覺想到的最快消耗方式就是煮成飲品。

檸檬草和薑特別合拍，煮成的飲品非常清香好喝；再說，這兩樣食材在夏日食用，都有數不盡、說不完的益處。如果你還沒試過這款清涼養生的夏季飲品，推薦你試試看，真的一喝就會愛上它。

椰汁魚片粉

食材

白肉魚片*	400g

醃魚材料

米酒	1大匙
薑	20g
海鹽	½小匙
白胡椒粉	½小匙
太白粉	2大匙

＊比目魚、草魚、鰱魚、石斑魚、烏魚、鱸魚等皆可。

椰汁高湯材料

椰漿	400cc
高湯*	1500cc
薑	2片
檸檬草	25g
椰糖	2大匙
魚露	4大匙
海鹽	½小匙
紅辣椒	20g
萊姆葉	4片
萊姆汁	80cc

＊淡色高湯，豬骨湯或雞高湯皆可。

米線配菜

米線（細河粉）	400g
豆芽	100g
筍片	100g
玉米筍	150g
香菜	適量
九層塔	適量

作法

1 將魚肉切成小薄片，放入醃料抓勻，醃製15分鐘。

2 取一鍋子，放入清水加熱，水滾後，轉小火，並放入魚片，全程保持水面冒小泡、但不要到沸騰的程度，泡熟魚片，撈出備用。

3 另煮一鍋清水，水滾後，放入米線，並立刻關火；大約30秒後，將米線撈出備用。

4 另取一湯鍋，將椰汁高湯材料放入鍋內，以大火煮滾，接著放入魚片，以及豆芽、筍片、玉米筍等蔬菜，待高湯再次滾沸時，立刻關火。

5 在碗底放入燙好的米線，澆入作法4湯料，並依喜好撒入適量香菜與九層塔；食用時，可依喜好另外加入萊姆汁（或青檸檬汁）。

檸檬草薑茶

食材

新鮮檸檬草	100g
薑	40g
水	1500cc

調味

檸檬片	適量
蜂蜜／砂糖	適量

作法

1 將新鮮檸檬草洗淨、剪成小段，薑切成小片，備用。
2 取一深鍋，將檸檬草、薑片及清水一起放入鍋中，以大火煮開後，轉為文火熬煮20分鐘；關火後，繼續浸泡、自然冷卻。
3 過濾茶湯，放入冰箱冷藏保存。飲用時，可搭配檸檬片及少許蜂蜜，也可加入砂糖調味。

料理提示

- 檸檬草富含精油，煮茶時看到水面浮出油花、甚至有油珠跳躍，都是正常的。事實上，正是檸檬草精油具有食療功效。
- 煮花草茶，我會刻意煮得濃郁些，飲用時，再兌水或加冰塊稀釋即可。食材份量多的話，可再煮泡第二道。

自家薯

第一次在自家菜園種出馬鈴薯，來自一個美麗的意外。

某次，將廚房裡不小心放到發芽的馬鈴薯隨意埋入土中，之後始終沒放在心上；豈料，幾個月後，某天整地時，竟然刨出一堆圓滾的小薯。

那時才知道，原來馬鈴薯這麼好種！之後只要有發芽的薯仔，就往菜圃裡東埋西埋，眼看著季節差不多，就隨意在土裡刨刨，便能不定期收穫小薯。

在美國，馬鈴薯買起來太容易，因此我並不刻意種植，但菜園裡卻每年都產自家薯——多半是從市場買來的馬鈴薯沒有如期用完，發芽了不願拋棄，就隨手埋入土中，於是每年季節一到，菜園總能定期收穫幾顆自家薯。因為是無意為之，沒有得失心，挖到多少，無論大小，都是祝福。等到該整地待耕時，便整圃挖出，毫不心疼。

自家薯多半都是個頭不大的幼薯，鮮嫩得吹彈即破，不用削皮，料理起來甚是方便。

種植馬鈴薯，若想養到像市售那種大塊頭並不容易，更何況我種馬鈴薯是放牛吃草，從不強迫。還好馬鈴薯在美國一年四季都有，尤其是褐色外皮的大馬鈴薯 Russet Potato，非常適合壓泥烤焙。

馬鈴薯泥變化很多，並非只能襯托牛排、當個副手。像是將馬鈴薯泥鋪在炒好的碎肉餡上，放入烤箱，烤到頂部酥香的牧羊人派；又或是將平淡的馬鈴薯泥混合蛋黃、奶油後，用裱花袋擠出花樣烤焙的公爵夫人薯泥；還有相傳是由三個主教意外發明的法式瀑布薯泥，黏糊拉絲可至三呎長——我們曾在巴黎的餐廳裡見過它一瀉而下的驚喜……果然上至貴族主教、下至平民百姓，都無法抗拒馬鈴薯的魅力。

美國一般家庭飲食相當依賴馬鈴薯，平均每人每年要吃掉五十公斤的馬鈴薯。

愛達荷州是美國馬鈴薯的最大產區，旅行時途經當地，親眼見識到公路兩旁全是一望無際的馬鈴薯田、「此田連著彼田，相連到天邊」的景象。前往當地的馬鈴薯博物館參觀，站在農地旁狼吞虎咽吃掉整顆填滿酸奶油、炸培根和切達起司的烤馬鈴薯，以及淋了蒜蓉奶油醬的新鮮炸薯條，過癮極了！來到主產地又正值產季，那種美味真不知該如何形容——鬆軟、清香，讓人顧不得燙嘴。這才懂得，原來平凡如馬鈴薯這等食材，只要順應時令、新鮮在地，也有不凡的滋味。

香料奶油新薯

食材

小馬鈴薯	600g
油封蒜油／橄欖油	4大匙（參見P.63）
新鮮巴西里	適量
蝦夷蔥末（細香蔥）	適量
新鮮羅勒葉	適量
帕馬森起司屑	2大匙

綜合香料

紅椒粉	1小匙
海鹽	1小匙
砂糖	1大匙
辣椒粉	1小匙
孜然粉	½小匙
胡椒粉	½小匙

作法

1 將小馬鈴薯整顆刷洗乾淨，放入鍋內、注入足量清水淹沒馬鈴薯，以大火煮開後，轉小火煮至刀尖可輕易刺入的熟軟程度，倒出，瀝乾水分。

2 將馬鈴薯置於烤盤上，用杯底輕輕壓扁成薯餅，備用；另將綜合香料均勻混合，備用。

3 在薯餅上淋油封蒜油或橄欖油，再均勻撒上混合好的香料。

4 放入烤箱，以攝氏200度烤約15分鐘，或至表面酥香金黃；接著，取出馬鈴薯，依喜好撒上新鮮香草（巴西里、細香蔥、羅勒葉）及起司，即可趁溫熱享用。

料理提示

- 這道食譜主要介紹新薯料理，帶皮的小馬鈴薯比較適合操作。若用一般的大馬鈴薯替換，可以削去外皮、切成塊狀，並省略壓扁成薯餅的步驟（因為沒有外皮，容易散開）。
- 市面上的起司種類繁多，這道食譜使用乾硬起司（乾酪）比較適合，舉凡：曼切格（Manchego）、羅馬諾（Romano）、格拉娜．帕達諾（Grana Padano）等乾酪，或一般常見的罐裝起司粉都可以。

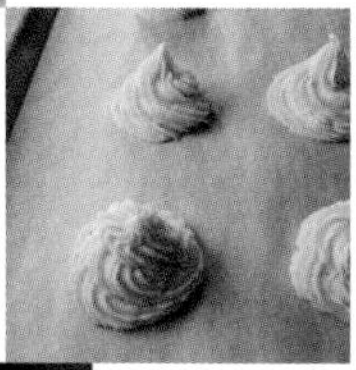

公爵夫人馬鈴薯泥
(Pommes De Terre Duchesse)

食材

馬鈴薯	700g
無鹽奶油	50g
鮮奶油／牛奶	120cc
蛋黃	2個

調味

海鹽	適量
荳蔻粉	適量
白胡椒粉	適量

作法

1 將馬鈴薯去皮，切成小塊蒸熟，並壓成馬鈴薯泥。

2 趁熱，在馬鈴薯泥中放入無鹽奶油、鮮奶油及調味料，攪拌至油脂被馬鈴薯泥吸收；等薯泥稍微冷卻，再放入蛋黃攪拌（薯泥溫度太高，放入蛋黃容易結塊），均勻混合。

3 將混合好的馬鈴薯泥放入擠花袋中，在鋪有烘焙紙的烤盤上擠出圓形花樣；完成後，放入烤箱，以攝氏190度將薯泥烤至表面金黃，約10～15分鐘，即可享用。

料理提示

- 完成後的公爵夫人馬鈴薯泥，可當作西式餐點中的澱粉主食，也可搭配蔬果、起司，作為午餐輕食享用。

「整顆馬鈴薯」牧羊人派

食材

褐色大馬鈴薯	4顆
無鹽奶油	20g
鮮奶油／全脂鮮奶	60cc
海鹽	適量
白胡椒粉	適量

內餡材料

洋蔥	50g
胡蘿蔔	50g
大蒜	2瓣
食用油	2大匙
牛絞肉	200g
甜豆	50g
玉米粒	50g
中筋麵粉	1大匙

調味

無糖番茄醬	2大匙
辣醬油	2大匙
砂糖	1大匙
白胡椒粉	½小匙
海鹽	適量

作法

1 將馬鈴薯洗淨後，放入鍋中，蒸至刀尖可輕易刺入的熟軟程度。

2 蒸好的馬鈴薯趁溫熱對半縱剖，用湯匙小心挖出中心果肉，盡量保持馬鈴薯外皮完整，備用。

3 將挖出的馬鈴薯果肉，趁熱壓成馬鈴薯泥，放入無鹽奶油、鮮奶油、海鹽和白胡椒粉，拌勻至滑細，裝入擠花袋內備用。

4 洋蔥、胡蘿蔔切丁，大蒜切末；取一炒鍋燒熱，放少許油，依序放入洋蔥丁、蒜末炒香，再放入牛絞肉及其餘蔬菜，翻炒至八分熟，加入調味料，繼續拌炒至食材熟透；最後於鍋中均勻撒入1大匙麵粉，翻炒至汁液收乾，關火，盛出備用。

5 將烤箱預熱至攝氏200度。將作法4蔬菜絞肉餡填入作法2馬鈴薯皮內，再將作法3擠花袋擠出馬鈴薯泥，鋪滿表面；接著，放入烤箱，焗烤約30分鐘，至表面薯泥紋路金黃上色，即可出爐，趁熱享用。

料理提示

- 我平常都選用無糖番茄醬；如果你使用的番茄醬本身糖分高，可斟酌減少配方中的砂糖用量。
- 傳統的牧羊人派並不需要在馬鈴薯皮內製作，若想簡化作法，可將馬鈴薯削皮、切塊、蒸熟，同樣製成馬鈴薯泥；接著，將餡料放入烤皿內，鋪上薯泥，再用叉尖在表面劃出紋路，放入烤箱，烤至表面金黃即可。

「漬，漬，漬」

春末入夏，這是一個很奇特的季節。一邊要應付漸熱、越來越像夏季的氣溫；另一方面，菜園豐富的出產到這時節已進入轟炸模式，每天跟來不及吃就轉眼老化的蔬菜們競賽，得在開花前採收，過剩的作物則要想辦法加工，才能不佔冰箱空間，並延長賞味期限。

這個時候，我喜歡漬菜。一來，白天高溫已經熱得讓人不想在爐火前久待，只想吃些冰冰涼涼的小菜；二來，處理好的漬菜，做一次可以存放多日，讓主婦少忙碌好幾餐，而且還越漬越有滋味。

比起存放新鮮蔬菜，保存瓶裝漬菜更節省冰箱空間，並且整齊，用以消耗菜圃裡又多又急切的出產最為合適。我會不定期挑選一天作為「漬菜日」，規劃好幾種不同的漬菜組合，一口氣做好準備工作，這樣只需要煮一鍋水，或開一次烤箱，就可一次把所有蔬菜一起處理好，之後各自淋上漬汁，各自成菜，漬著放在冰箱保存，想吃的時候隨時取用。

大部分蔬菜必須先熟而後漬，燙或蒸都是常用的方式，但燙煮時容易變得軟爛的番茄、瓜類，我會利用烤箱處理。在多數美國家庭中，烤箱是基本配備，而且一般空間很大，可一次處理大量蔬菜，非常方便。

烤箱菜原本就已經夠簡單了，但是秉持著「夏季高溫下，沒有最懶，只有更懶」的原則，我連油膩膩的烤盤都不想多洗刷，於是出現了「裸烤」蔬菜的方式——不放油、不調味，將蔬菜洗乾淨放烤盤，直接烤到八、九分熟，出爐後再加蓋，利用餘溫及水氣，使蔬菜繼續熟透，而後再以漬汁醃漬入味，很快就能端上桌享用。

檸檬百里香漬汁

食材

黃檸檬汁	4～6大匙
新鮮百里香	4～5枝
橄欖油	4大匙
番紅花	1小撮
薰衣草花朵	1小撮
海鹽	1小匙
黑胡椒粉	¼小匙
檸檬皮屑	1大匙
蜂蜜	1大匙

作法

1 將黃檸檬磨下外皮後，切開，擠汁備用；另摘下百里香葉片備用。

2 混合所有材料（檸檬汁依喜愛的酸度調整用量），攪拌均勻，即完成。

料理提示

- 這是一道地中海風味的漬汁，使用黃檸檬較合適；若改用青檸，會呈現出不同的風味，可嘗試替換看看。

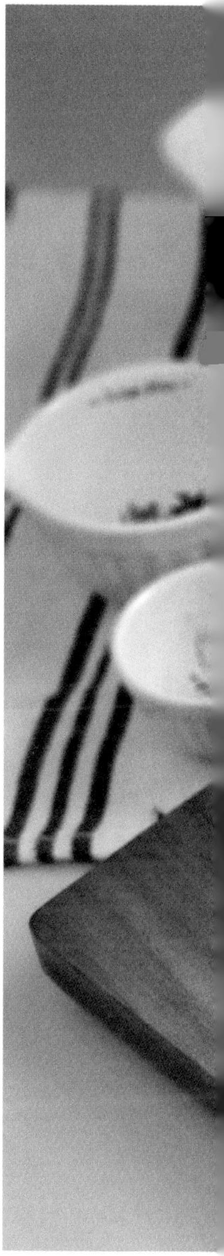

地中海風味漬菜

食材

青／黃櫛瓜	共3根	檸檬（切薄片）	半個
綜合小番茄	500g	檸檬百里香漬汁	適量（參見P.243）

作法

1 將櫛瓜切小塊，以攝氏190度烤約45分鐘，出爐後加蓋（利用餘溫幫助食材返潮保濕，避免表面經過焗烤而乾硬），於容器內放涼備用。

2 將小番茄鋪放於烤盆內，以攝氏200度烤約30分鐘，至表皮微微裂開，放涼備用。

3 取一盆子，將所有烤好的蔬菜及檸檬片混合均勻，倒入適量檸檬百里香漬汁拌勻，裝罐，密封冷藏1天以上入味，即可享用。可於冰箱冷藏保存1週。

昆布醬油漬汁

食材

柴魚片	約3g	清酒／米酒	30cc
乾香菇（小朵）	2個	水	480cc
昆布（剝碎）	1小片	砂糖	90g
純醬油（無調味，無糖）	120cc		

作法

1 將柴魚片、香菇、昆布裝入紗布袋或一次性茶袋中，封口。

2 將茶袋、醬油、清酒、水和糖一起放入鍋中，以中火煮開；轉小火，加蓋熬煮5分鐘，關火，浸泡並自然冷卻，即可使用。

和風漬 夏季雜菜

食材

彩色甜椒	6個（青紅黃各2個）	白醋	2大匙
青花筍	600g	大蒜	4瓣
紫茄	3根	昆布醬油漬汁	適量（參見P.247）

作法

1 將甜椒去籽、切半，切口面向下，置於烤盤上，以攝氏218度烤約30分鐘，直到表皮皺縮、出現焦黑斑紋，取出，放入加蓋容器內，利用蒸汽使表皮與果肉分離；稍微放涼至不燙手，趁溫熱剝去外皮，放涼備用。

2 將青花筍洗淨，削去菜梗尾端，切成適當長度，放入滾水燙30秒後，撈出，泡冰水以保持翠綠，待涼透後，瀝乾水分備用。

3 在茄子兩側墊上筷子，以免切斷；接著，小心地將茄子切成手風琴狀，再切成適當長度。取一深盆，放入冷水，再倒入2大匙白醋，攪拌一下，將茄子放入醋水中浸泡約10分鐘，瀝乾水分備用。

4 在爐火上置一蒸鍋（或以炒菜鍋搭配蒸架），上蒸汽後，將茄子放入鍋中，以大火蒸3～5分鐘，取出，放涼備用。

5 將蒜瓣切薄片，與處理好的甜椒、青花筍、茄子一起排放於容器中，倒入適量昆布醬油漬汁淹沒過蔬菜，加蓋密封，於冰箱冷藏醃漬2天以上入味，即可享用。可於冰箱冷藏保存1～2週。

½ TSP

薑蒜麻香漬汁

食材

白芝麻	1大匙
醬油	60cc
水	150cc
砂糖	1大匙
麻油	2大匙
柚子胡椒	½小匙
檸檬汁	2大匙
白醋	2大匙
薑蓉	½小匙
蒜末	½小匙
檸檬皮屑	½小匙

作法

1 取一乾鍋，以小火炒香白芝麻，放涼備用。

2 將醬油、水及砂糖放入鍋中，以中小火煮開，放涼備用。

3 將所有材料攪拌混合，即完成。

料理提示

- 炒白芝麻，這個步驟是美味的關鍵！炒的時間不夠，芝麻不香；但炒過頭，又會發苦。建議以中小火慢慢翻炒至芝麻呈現淡褐色，散發爆米花的香味，此時狀態最佳。關火後，須繼續翻動芝麻約1分鐘，避免鍋內餘溫讓芝麻焦糊。

中華風味四季豆淺漬

食材

四季豆	600g
薑蒜麻香漬汁	適量（參見P.251）

作法

1 將四季豆修去頭尾，洗淨備用。接著，煮一鍋滾水，放入四季豆燙煮1分鐘；撈出，放入冰水中浸泡至完全降溫以保持翠綠，瀝乾備用。
2 取一容器，放入四季豆，再倒入薑蒜麻香漬汁拌勻，加蓋冷藏，淺漬數小時即可享用。

料理提示

● 四季豆遇上有酸度的漬汁，容易變色，由青綠轉為暗沉，因此，短時間淺漬較適當，並請盡快享用。

過日子的菜乾罐罐

剛開始自耕的時候，常常為了種出些許蔬菜而沾沾自喜。人說「自給自足」，我總是對號入座，以為這說的就是我沒錯！忽略了自己仍是活在便利之中的現代人，反正種出來了吃自己，種不出來吃超市，未曾感到違和。

後來玩得大了，感受深了，才懂得汗顏。原來「自給自足」這四個字格局太大，真正實踐，方知不易。除了能控制的因素（如培土、除蟲）之外，還有不受控制的變數（如雨水、氣溫），不但在適耕的月份裡須持續不懈，還要替毫無出產的月份未雨綢繆。

於是，我學醃漬、學油封、學發酵、學曬菜乾果乾，用盡辦法，最大程度地延長院子裡所產蔬果的享用期，這樣一來，在青黃不接的時節，也能吃到自家菜。

沙漠的夏季極為艱苦，最炎熱時可達攝氏近五十度，不要說植物，連人在室外都很快呈現曬焦的狀態。就在這個菜園幾乎沒有出產的月份，我家餐桌上仍然能端出一抹「自家綠」，那是我在春末就漬好的鹽菜乾，緊緊地壓入大玻璃罐中，存放於冰箱，在鮮蔬最匱乏的月份端出，泡洗掉漬鹽就可以使用，添補綠葉蔬菜。

經過脫水晾曬後的菜乾，會產生獨特的清香，甜味也會更加凸顯，濃鮮厚實。比起新鮮綠蔬，鹽菜乾料理起來另有一種不同的風情——不單是在嘴裡的滋味，更是內心深處的踏實，是對順天而食的篤定，是料理人對得起食材的至誠。

邊吃邊算著再熬幾星期就可以開始秋耕了……

看著冰箱裡幾罐陪我度過難關的鹽菜漬菜，深深覺得自己又朝「自給自足」邁進了一大步。

櫛瓜乾香辣小炒

墨西哥是櫛瓜的原產地，南加州作為鄰近地區，種植櫛瓜佔足了地利，可以說是不費吹灰之力。隨著日照漸長，菜園的櫛瓜一發不可收拾，多到來不及消耗，不小心讓躲藏在碩大葉片下的櫛瓜們長成小腿般粗壯是常有的事。老櫛瓜一樣可以料理，而且果肉緊實又耐煮。但產量過豐一時半刻消耗不完時，我會將老櫛瓜刨絲，鹽漬脫水後，風乾成為櫛瓜乾，方便儲存。

食材

櫛瓜乾	60g
小魚乾	30g
乾豆豉	10g
青蔥	20g
薑	5g
大蒜	20g
豆干	220g
去籽乾辣椒	5g

調味

白胡椒粉	適量
海鹽	適量
砂糖	1大匙
醬油	1大匙
米酒	1大匙
白醋	1大匙

作法

1 將櫛瓜乾浸泡清水，脫去多餘鹽分後，擠乾水分備用。將小魚乾、乾豆豉過水沖洗，瀝乾水分備用。

2 將蔥、薑、蒜分別剁碎切末，豆干切絲，備用。

3 起油鍋，先爆香薑、蒜，再加入豆豉、乾辣椒及小魚乾拌炒一下，放入砂糖，一起拌炒至香味濃郁。接著，加入櫛瓜乾及豆干，繼續拌炒，並加入剩餘調味料，翻炒至鬆散乾爽狀。最後撒入蔥花，拌炒均勻，即可盛盤享用。

料理提示

- 櫛瓜乾也可以用菜脯米（蘿蔔絲乾）或是瓠瓜乾替換。
- 由於櫛瓜乾是自家製作，鹽分不高，因此不須反覆清洗，泡軟後，嚐嚐鹹度，合適的話，就擠乾水分備用。如果使用的是市售產品，過程中可能必須換水1～2次，才能達到合適的鹹淡度。

白菜乾與家常扯麵片

自家菜園每年白菜品項至少有五種以上，產季末，除了保留開花存籽的幾株，其餘全都做了鹽菜乾。待日頭毒辣，院裡青黃不接，從罐子裡掏出幾捆來料理，看皺縮的葉片在水中逐漸舒展；再取家中剩餘的水餃皮抹點油，鬆弛片刻，一扯一拉之中，一鍋幸福滿滿的家常扯麵片即可端上餐桌，而日子，也在這樣的節奏中紮穩了。

食材

水餃皮	約30片（參見P.210）
白菜乾	150g
胡蘿蔔	100g
番茄	300g
蝦米	30g
榨菜	30g
青蔥	20g
薑	10g
大蒜	20g
清水／高湯	2500cc
雞蛋	2個

調味

醬油	2大匙
白胡椒粉	適量
海鹽	適量
麻油	適量
油潑辣子	適量（參見P.172）

作法

1 **處理麵片**：將水餃皮兩面刷上一層薄油，靜置30分鐘鬆弛筋度，就會變得非常有延展性，用手一撐，可以拉伸成為薄且寬的麵皮。
2 **發泡白菜乾**：趁著水餃皮鬆弛時，發泡白菜乾，多換兩次水洗淨鹽分，隨後擠乾，切成適當長度備用。
3 將胡蘿蔔切細絲，番茄切塊，備用。蝦米用清水泡軟後，切碎，榨菜、蔥、薑、蒜，分別切碎，備用。
4 取一大湯鍋，放入適量油，爆香蔥、薑、蒜，再放入蝦米、榨菜炒出香味，隨即放入胡蘿蔔絲拌炒至八分熟。接著，放入白菜乾及番茄塊，並加入清水或高湯煮至滾沸，再放適量醬油、白胡椒粉及海鹽調味。
5 湯底保持滾沸，取一張麵皮，於鍋邊拉抻成為麵片，順勢丟入鍋內；迅速重複操作，直至麵皮用完。
6 於小碗內打散雞蛋，待麵片湯再度滾沸，倒入雞蛋液，立即關火，利用餘溫輕輕攪拌成蛋花，再滴入適量麻油提味，即可盛入碗中。推薦搭配油潑辣子一起享用，提升風味。

後記

自耕自給，過日子的智慧

二〇二〇年三月，我們傻站在家附近常去的超市裡，眼前狼藉一片，簡直讓人無法置信。

所有日常用品被掃購一空，衛生紙、清潔劑、護理用品、罐頭以及新鮮蔬果……原本陳列這些商品的貨架上空蕩蕩。

疫情延燒，作為世界第一強國國民的美國人買不到麵包，買不到麵粉，買不到牛奶雞蛋、米飯麵條。

這是我們一個多星期以來第一次出門購物。

兩週前，先生工作時收到一罐病人的肺液，而後確診為新冠肺炎患者。那是我們當地的第一例。醫院為了安全起見，居家隔離有風險的一線人員及家屬。

是的，我們被隔離了！

雖然接續的病毒檢測為陰性，隔離解除回前線上班，但緊接著學校停課，加州也進入半封城狀態，人仰馬翻，待回過神來衝到市場補貨，已經什麼都買不到了。

冷凍櫃前走來兩位男士，拉出最後一條冷凍的包裝麵包，而且還是無麩質的，索價七美元。

其中一人拿著冰涼的麵包喃喃低語：「這可以嗎？」然後看看標價，驚呼：「七美元！」

另一位滿臉為難：「或許我們可以嘗試自己做？」

轉頭看著同樣空空如也的烘焙貨架。上面除了兩包全麥麵粉，其餘無論麵粉、酵母、糖，或是泡打粉等，皆所剩無幾。想必他們從未自己做過麵包，而如今是想做卻也備不齊材料，兩人捧著冷凍麵包糾結了許久，就連站在附近的我們，也能感受到他們心中的凝重與擔憂。

書記錄到了一半的此時，疫情讓我看到生活與食物源頭連結的必要性。

在疫情剛開始的兵荒馬亂中，面對接下來還不知會持續多久的封城及無米之炊，我完全沒有慌亂，腦海裡很

快地盤點出家中冰箱及乾貨櫃裡的存貨，細數一遍當下菜園裡出產的品種，包括那些天生自來的野菜，再迅速地挑揀些尚未搶光的商品，心裡馬上有了可以熬過一個月的底氣。

自耕自給，其實是一種機動性極高的生活方式，要學會順天，隨季節調整變化，即使手邊的食材有限，也可以創造料理。這原是一種生存的本能，是過日子的智慧，可惜現代生活的便利將之逐漸消磨殆盡。

以往，常有朋友在聽到我的生活後不可置信：「什麼？妳連這些都自己做？」我則回答得淡然：「是啊，買不到只好自己做了……」理所應當一般，並不多作解釋。

「自己做」這件事在持續了近二十年後，卻也不是什麼特別的事了。當我執拗地把自己也種進了土裡，生了根，大地連接著我的血脈，它生機蓬勃，我也源源不絕。這種穩紮的踏實感，就是我人生的安定。

因此，之後一連串的防疫封城，對我們家來說並沒什麼不同。

小伊甸依舊滿園春景，遍地花開，宅家拈花，蹲菜園、窩廚房，讀書、寫稿、照相，過得渾然忘我。期間，嘗試著將紅亞麻花壓入麵片，用蒲公英花瓣來揉牛奶饅頭，趁著鼠麴草遍地趕快做粿——拿出之前曬好的自家菜脯米（蘿蔔絲乾），炒香肉末紅蔥，順應節氣的鼠麴粿綠得發亮，甜糯Q彈……每天光是採集滿地的野菜花卉，趕著將它們做成時令料理，就忙得樂不可支。

於是，我的居家防疫時光沒有苦悶，只有一如既往平靜的節奏感。不去想過了幾日、還有幾日，就專心地把每天活得豐富，用享受的心情把手邊每件事情細細做好。

「日子過著過著，就越來越好了。」

我一直是這樣相信著。

日日好食 22

梅子家四季耕食手札

65道季節限定美味，體現時令流轉的生活儀式感

作　　者：梅子（Meg）
主　　編：謝美玲
封面設計：Bianco Tsai
美術設計：林佩樺

發 行 人：洪祺祥
副總經理：洪偉傑
副總編輯：謝美玲
法律顧問：建大法律事務所
財務顧問：高威會計師事務所
出　　版：日月文化出版股份有限公司
製　　作：山岳文化
地　　址：台北市信義路三段151號8樓
電　　話：（02）2708-5509　傳　　真：（02）2708-6157
客服信箱：service@heliopolis.com.tw
網路書店：www.heliopolis.com.tw
郵撥帳號：19716071 日月文化出版股份有限公司

總 經 銷：聯合發行股份有限公司
電　　話：（02）2917-8022　傳　　真：（02）2915-7212
印　　刷：禾耕彩色印刷事業股份有限公司
初　　版：2021年06月
定　　價：380元
I S B N：978-986-248-977-2

國家圖書館出版品預行編目資料

梅子家四季耕食手札：65道季節限定美味，體現時令流轉的生活儀式感／梅子（Meg）著. -- 初版. -- 臺北市：日月文化出版股份有限公司，2021.06；272面；16.7×23公分. --（日日好食；22）

ISBN 978-986-248-977-2（平裝）

1.食譜

427.1　　110006568

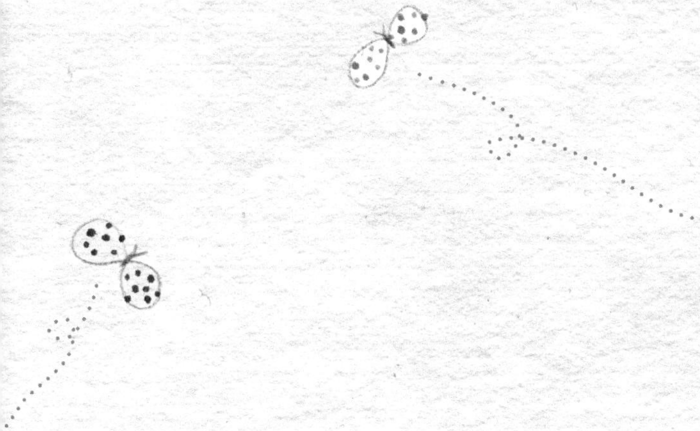

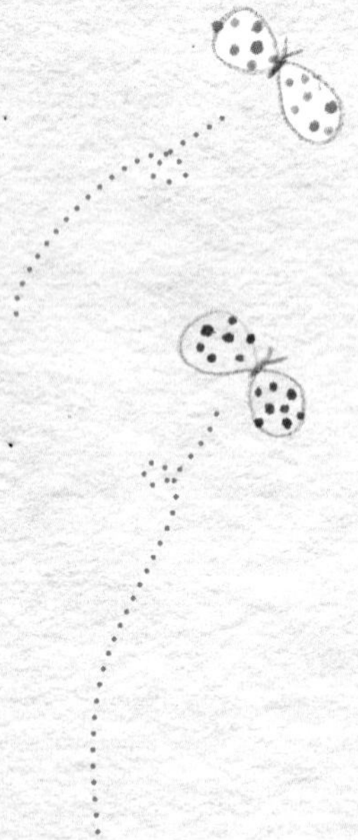